황금비

RAFAEL ARAUJO
ME FECIT
X MMXVI

황금비

수학의 신성한 아름다움

개리 B. 마이스너

골든넘버닷넷과 파이매트릭스 설립자

시그마북스
Sigma Books

황금비

발행일 2019년 9월 16일 초판 1쇄 발행
지은이 개리 B. 마이스너
옮긴이 엄성수
발행인 강학경
발행처 시그마북스
마케팅 정제용
에디터 신영선, 최윤정, 장민정
디자인 김문배, 최희민

등록번호 제10-965호
주소 서울특별시 영등포구 양평로 22길 21 선유도코오롱디지털타워 A402호
전자우편 sigmabooks@spress.co.kr
홈페이지 http://www.sigmabooks.co.kr
전화 (02) 2062-5288~9
팩시밀리 (02) 323-4197
ISBN 979-11-89199-82-1(03400)

The Golden Ratio: The Divine Beauty of Mathematics

This Korean edition published by arrangement with Quarto Publishing Group USA Inc. through AMO Agency, Seoul, Korea

이 도서의 국립중앙도서관 출판예정도서목록(CIP)은 서지정보유통지원시스템 홈페이지(http://seoji.nl.go.kr)와
국가자료공동목록시스템(http://www.nl.go.kr/kolisnet)에서 이용하실 수 있습니다. (CIP제어번호: CIP2019009603)

* 시그마북스는 (주) 시그마프레스의 자매회사로 일반 단행본 전문 출판사입니다.

Printed in China

차례

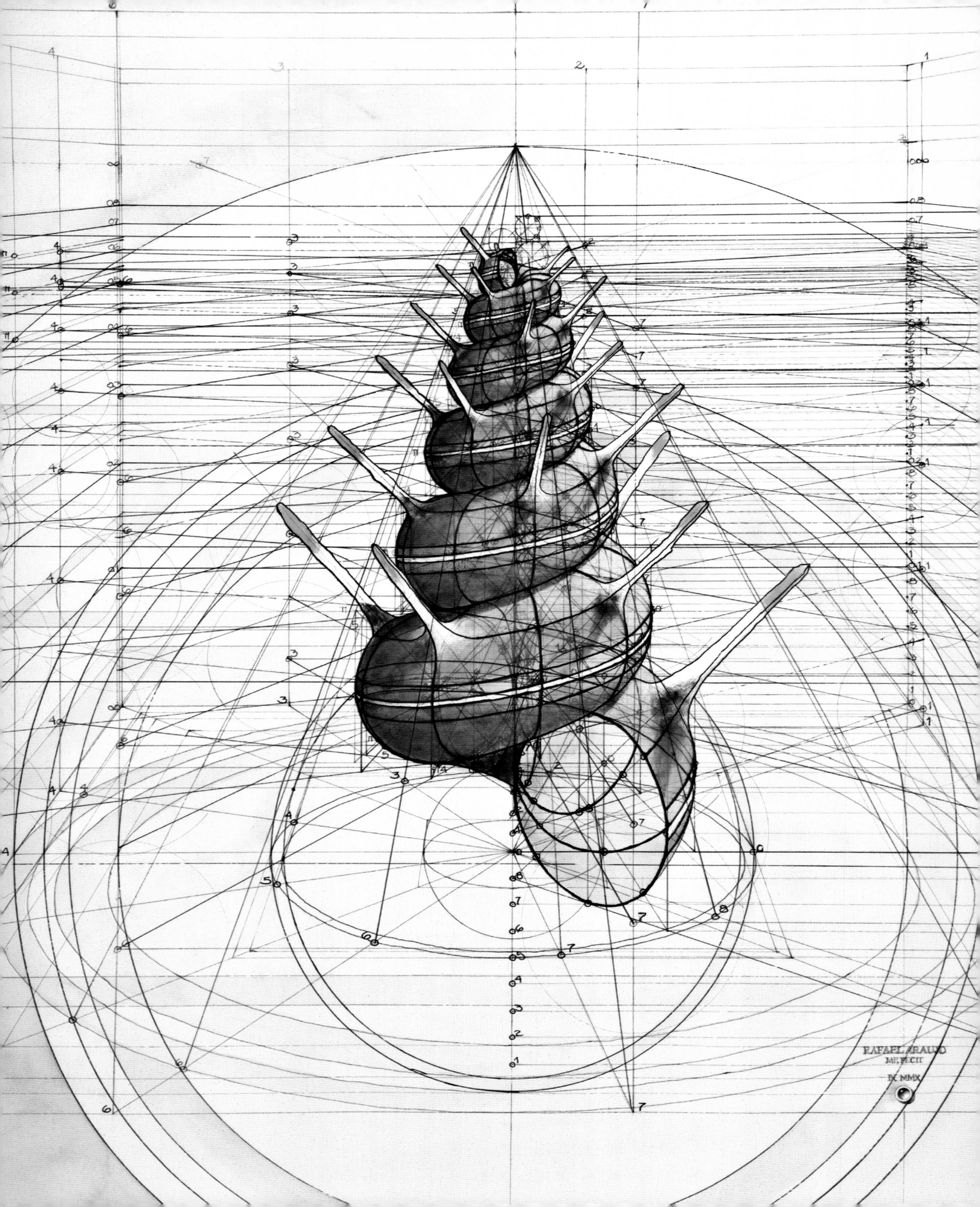
RAFAEL ARAUJO
ME FECIT
IX MMIX

서문

대체 이 '황금비'라는 게 얼마나 매혹적이면 2,000년 이상 우리의 상상력을 계속 자극하고 있을까? 또 얼마나 보편적이면 고대 그리스 수학자들의 글과 혁명적인 우주론을 펼쳤던 한 과학자의 사색, 한 20세기 건축가의 디자인들, 그리고 베스트셀러 스릴러 소설을 영화화한 블록버스터 영화 속에까지 등장할까? 황금비라는 게 얼마나 인류 문화 곳곳에 스며 있으면 위대한 고대의 건축물들과 역사상 가장 뛰어난 르네상스 화가의 그림들은 물론 심지어 최근에 발견된 준결정 광물들의 원자 배열 속에서까지 동시에 그 모습을 드러낼까? 그리고 또 이 황금비를 둘러싸고 얼마나 논란이 많으면 그 모양과 적용 여부를 놓고 아직까지도 혼란스럽고 양극단적인 주장들이 나오고 있을까?

당신은 아마 황금비에 대한 증거들은 이미 충분히 제시됐고 각종 의문에 대한 답들도 발견되어 황금비를 둘러싼 논란은 일단락됐다고 생각할지도 모른다. 물론 황금비가 새로운 주제는 아니다. 고대 이후 황금비에 대해 쓰인 글은 무수히 많다. 대체 새로운 게 뭐가 더 있을 수 있단 말인가? 하지만 이 질문에 대한 답들을 들으면 아마 놀랄 것이다. 다행히 인류의 기술과 지식은 전례 없이 빠른 속도로 발전을 거듭하고 있어 우리는 지금 과거 같으면 상상도 할 수 없었을 새로운 정보를 계속 접하고 있다. DNA 감식에 의한 증거 제시 분야에서 획기적인 기술들이 출현하면서 새로운 사실들이 밝혀짐에 따라 과거의 판결들이 뒤집히는 일이 많아졌듯 이제 우리는 진보한 기술 덕에 새로운 정보와 툴들을 갖게 돼 황금비에 대한 과거의 결론들이 완벽하지도 정확하지도 않았다는 걸 깨닫고 있다. 또한 우리는 과거의 몇몇 유죄 판결들도 뒤집으려 하고 있다. 현재 감옥 안에 있는 중죄인들에 대한 판결뿐 아니라 우리 마음속 믿음에 대한 판결들도 말이다. 믿음은 그 자체가 우리 자신을 옭죄는 감옥일 수 있으므로 전혀 다른 여러 관점에서 세상을 보기 전에는 우리 마음이 어떤 식으로 감옥살이를 하고 있는지 알지 못하는 경우가 많다.

인터넷, 훨씬 빠른 컴퓨팅 기술에 쓰이는 새로운 소프트웨어 애플리케이션들, 거대한 정보 공유 수단이 된 글로벌 커뮤니티 등이 법의학적 증거를 수집하는 데 쓰이는 새로운 툴들이다. 1997년에는 인터넷 사용 인구가 선진국 국민의 11퍼센트, 전 세계 인구의 2퍼센트밖에 안 됐었다.[1] 그러던 것이 2004년에 이르면서 거의 모든 미국인 사용자들이 느린 다이얼식 접속(전화선과 모뎀을 통한 인터넷 접속 - 옮긴이)을 통해 인터넷과 조우했으며,[2] 온라인 백과사전 위키피디아의 표제어 수는 2017년 표제어 수의 5퍼센트도 안 됐다.[3] 나는 2001년에 웹사이트 골든넘버닷넷을 개설했고, 2004년에는 파이매트릭스를 발표했는데 파이매트릭스는 디지털 이미지들을 단 몇 초 안에 분석해내는 소프트웨어이다. 지금은 활용할 수 있는 이미지들이 상상도 안 될 만큼 많지만, 그 이미지들 가운데 상당수는 5년에서 10년 전까지만 해도 그렇게 고해상도로 쉽게 접할 수 없었다. 또한 앞으로 이 책에서 공유하게 될 식견들 가운데 상당수는 극히 최근까지만 해도 서로 연결될 길이 없었던 전 세계 사용자들에 의해 공유된 것들이다. 그래서 불과 10~20년 전에 나온 황금비 관련 정보 가운데 일부는 정보의 사실과 결론 측면에서 불완전한 것으로 밝혀지는 경우도 종종 있다. 나는 앞으로 10~20년 후면 새로운 기술들과 정보 덕에 이 책을 쓰고 있는 지금은 상상도 못할 전혀 새로운 식견들을 갖게 될 거라고 생각한다.

당신이 수학자든 디자이너든 아니면 파이(Φ)를 믿는 사람이든 그렇지 않은 사람이든, 나는 당신이 이 책에서 새롭고 흥미진진하고 유용한 뭔가를 찾을 수 있기를 바라며, 그 결과 황금비를 새로운 관점에서 보고 적용할 수 있게 되길 바란다. 또한 나와 함께 시간과 공간을 초월한 여행을 하는 동안, 그러니까 시대에 따라 여러 이름으로 불리면서 역사상 가장 위대했던 인물들에게 영감을 불어넣어준 황금비의 아주 독특한 특성들에 대해 탐구하는 동안 당신 내면에 뭔가 뜨거운 탐구의 불길이 피어오르길 바란다.

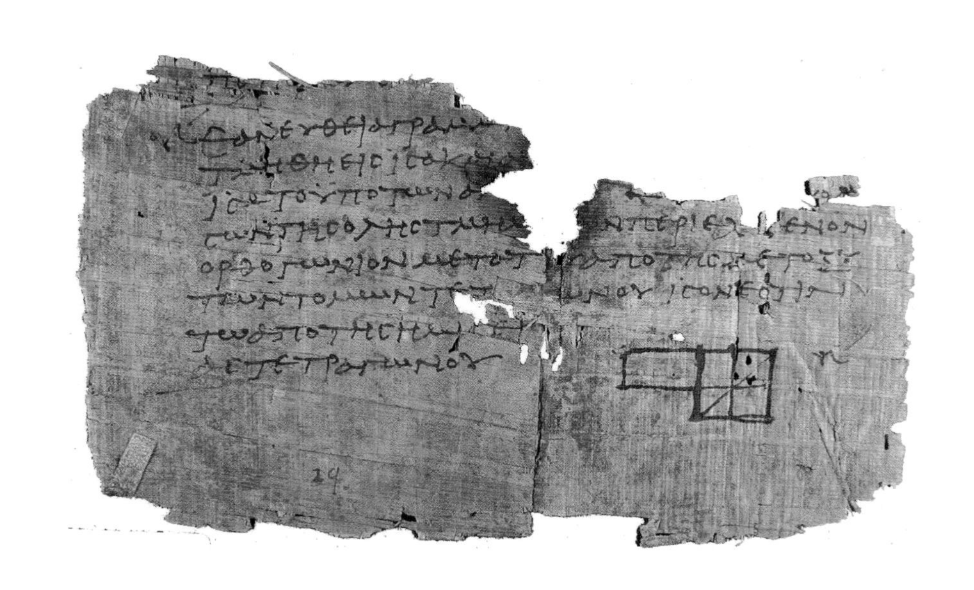

이집트 옥시링쿠스에서 발견된 서기 100년경에 만들어진 이 파피루스에는 유클리드의 『기하학 원론』 2권 명제 5의 도해가 보인다. 황금비에 대해서는 『기하학 원론』 6권의 명제 30에서 처음 언급됐다.

논란 많은 수

황금비는 이렇듯 많은 관심을 받아왔으므로 당신은 이 1.618이란 수가 원주율 π만큼이나 중요한 보편적인 수라고 생각하겠지만 대부분의 교육기관에서는 이 논란 많은 수가 교과 과정에서 그저 잠시 언급하고 넘어가는 수 정도의 대접밖에 못 받고 있다. 왜일까?

황금비의 모양과 적용에 대해서는 그간 혼란스러울 정도로 양극단적인 주장들이 많았다. 또한 황금비에 대해 알고 있는 몇 안 되는 사람들조차 사실 황금비에 대해 제대로 알지 못한다. 그렇다면 황금비는 일종의 음모론 영역에 속해 있는 걸까? 아니면 호기심 많은 사람들만이 황금비의 잠재적 가치를 인정하고 있는 걸까? 이 책에서 나는 황금비와 관련된 여러 주장과 그와 반대되는 주장들을 소개할 것이며, 마치 멋진 추리소설이나 CSI 과학수사대 프로그램에서처럼 그 증거들을 하나하나 밝혀나갈 것이다. 이 경우 당신은 형사요 판사요 배심원이다. 각 주장이 옳은지 그른지, 또 각 주장이 수학에 기초한 것인지 아니면 근거 없는 믿음에 기초한 것인지 스스로 판단하기 바란다. 어쩌면 당신은 황금비가 그저 아주 묘한 우연의 일치인지 아니면 보다 원대한 어떤 의도의 증거인지 확신하지 못할 수도 있다.

흥미롭지 않은가? 황금비 뒤에 숨어 있는 수학의 원리를 제대로 알면 알수록 예술은 물론 자연 속에 숨어 있는 황금비도 제대로 볼 수 있게 되며, 또 사실상 그 적용에 한계가 없는 창의적이고 예술적인 표현에 황금비를 더 많이 적용할 수 있게 된다.

그럼 이제 역사 속으로 조금 걸어 들어가 시대를 초월한 이 황금비 스토리에서 중요한 역할을 한 여러 인물들의 삶을 들여다봄으로써 이 넓고 깊으면서도 매혹적인 주제 황금비에 대한 탐구를 시작하기로 하자.

올리버 브래디와 카멜 클라크의 신성한 황금비 조각. 이 매혹적인 조각의 디자인은 145쪽에서 보게 될 180도 황금 나선에서 나온 것이다.

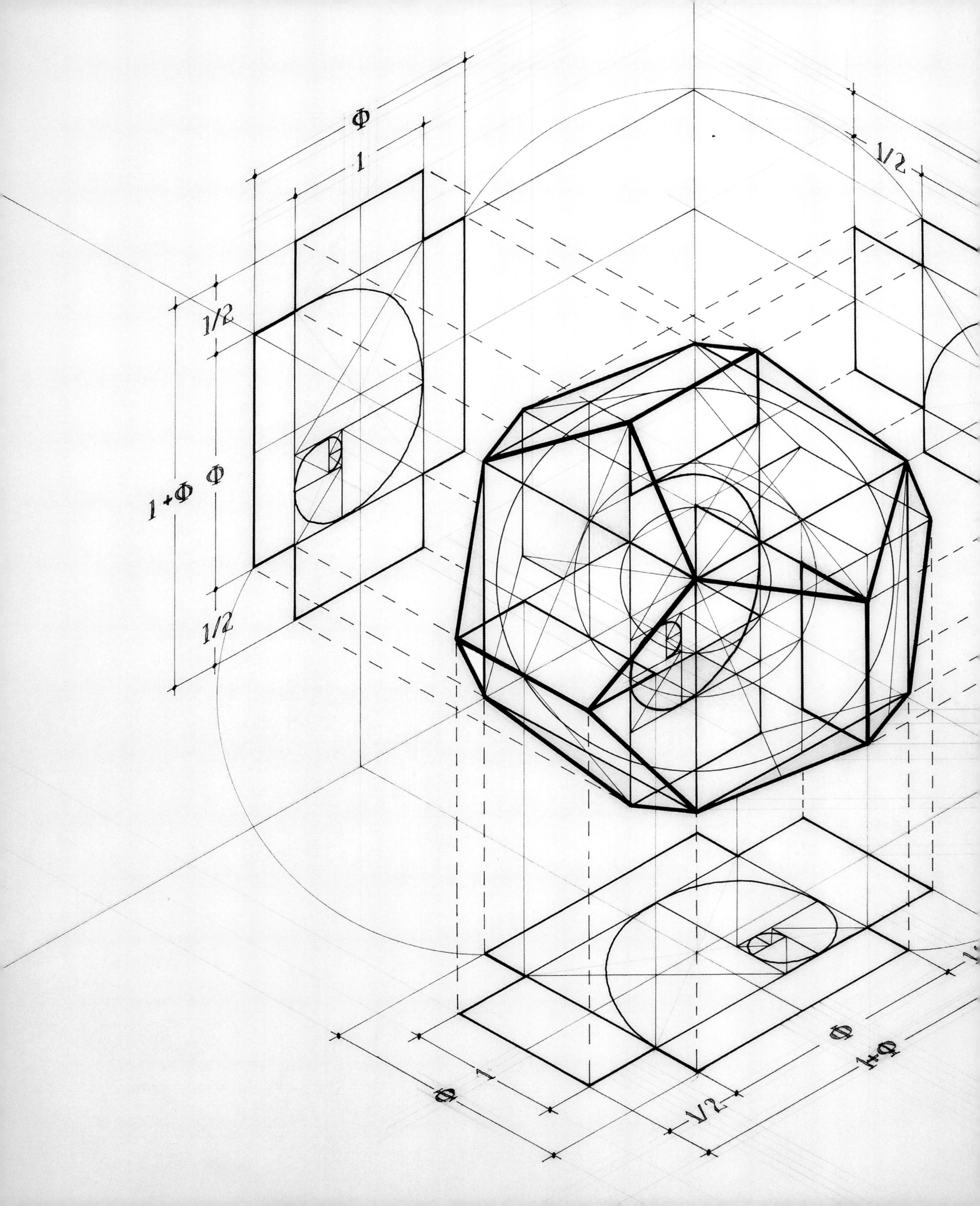

Φ
1
1/2
1/2
1+Φ
Φ
1/2
1/2
Φ
1
Φ
1/2
1+Φ

FIBONACCI
DECAHEDRON
RAFAEL ARAUJO

I

황금 기하학

"기하학에는 귀한 보물 두 가지가 있다.
하나는 피타고라스의 정리이고,
다른 하나는 한 선을 황금비로 나누는 것이다.
전자를 금 덩어리에 비유한다면
후자는 귀한 보석이라
부를 수 있을 것이다."[1)]

– 요하네스 케플러

황금비라고 알려진 비율은 수학과 기하학 그리고 자연에 늘 존재해왔지만 정확히 언제 인류에 의해 처음 발견됐고 활용됐는지에 대해선 알려진 바가 없다. 다만 역사적으로 여러 차례에 걸쳐 재발견됐으며, 그래서 황금비가 여러 가지 이름으로 불리는 게 아닌가 추정된다. 고대 바빌론과 인도의 수학자들이 황금비를 알았고 또 활용했다는 증거들도 있지만 우리는 먼저 그리스에서부터 시작하고자 한다.

오른쪽 러시아 화가 표도르 브로니코프(1827-1902년)가 그린 이 그림에는 일출을 기리는 피타고라스학파의 의식이 담겨 있다.

왼쪽 장 댐브런(1741-1808년경)이 만든 이 판화에는 3세기 로마 동전에 나오는 피타고라스의 모습이 담겨 있다.

고대 그리스

오늘날 기하학 교과서에 나오는 내용은 거의 대부분 고대 그리스인들이 발견한 공식들에서 온 것들이며, 지금 우리가 알고 있는 황금비가 제일 먼저 언급된 시기는 그리스의 수학자 겸 철학자 피타고라스가 살았던 기원전 570년에서 495년 사이쯤이다. 꼭짓점이 5개인 펜타그램(오각형 안의 별 모양 - 옮긴이)은 피타고라스학파의 상징으로, 아래 그림에서 보듯 이 펜타그램에서는 각 선 조각의 길이와 다른 선 조각의 길이가 황금비를 이루는데, 황금비의 독특한 특성들을 처음 발견한 사람들도 바로 피타고라스와 그의 추종자들이었다.

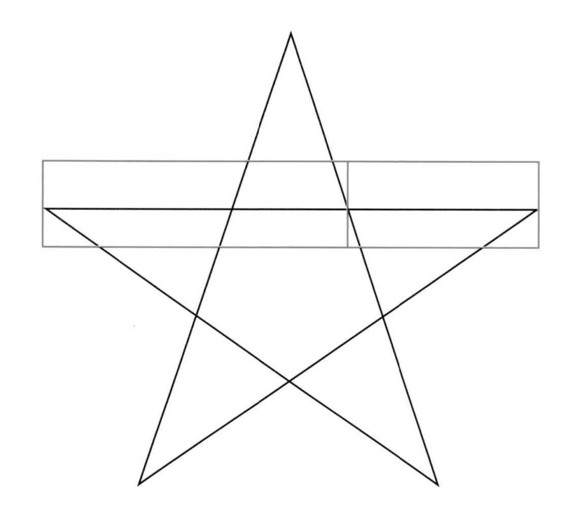

왼쪽 펜타그램의 황금 분할

오른쪽 빨간색 부분과 초록색 부분의 비율과 초록색 부분과 파란색 부분, 그리고 파란색 부분과 보라색 부분이 모두 Φ, 즉 황금비를 이루고 있다.

아래 플라톤의 5개 입체와 그 관련 요소들을 나타내는 이 그림들은 요하네스 케플러의 저서 『우주의 신비』(1596년)에 등장한다.

펜타그램 중앙의 오각형은 유명한 그리스 철학자 플라톤(기원전 427-347년경)의 작품, 특히 그가 기원전 360년경에 쓴 대화편 『티마이오스』에도 나오는데 그 책에서 플라톤은 우주가 기본적인 네 가지 기하학적 입체들(현재 '플라톤의 입체들'로 알려져 있음)로 대변되는 네 가지 요소로 이루어져 있다고 설명하고 있다. 5번째 입체는 정12면체로 나타나는데, 이는 우주의 모양을 나타내는 12개의 정오각형을 합친 것이다. 자신의 대화편에서 플라톤은 유클리드의 '외중비', 즉 황금비의 선구자 격인 세 숫자들 간의 관계에 대해서도 썼다.

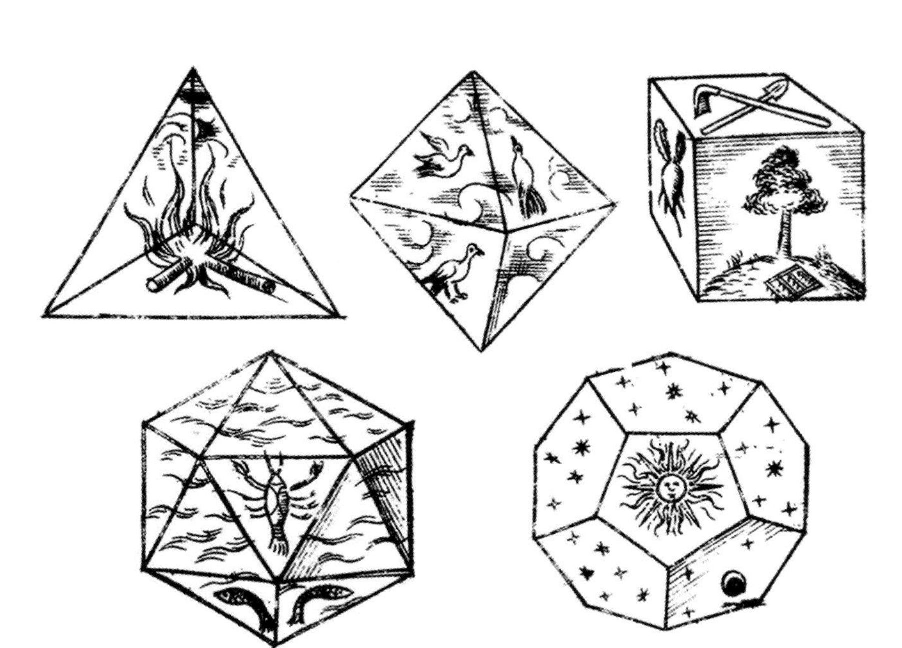

"평균치는 필히 서로 같아지며, 서로 같아지는 건 결국 모두 한 가지나 다름없어진다."[2)]

그러나 이 말이 일반적인 평균치를 말하는 건지 아니면 황금비를 콕 집어 말하는 건지는 아직까지도 분명치 않다.

플라톤의 이 아카데미는 이탈리아 폼페이에서 발견된 기원전 1세기 로마 모자이크 작품의 일부이다.

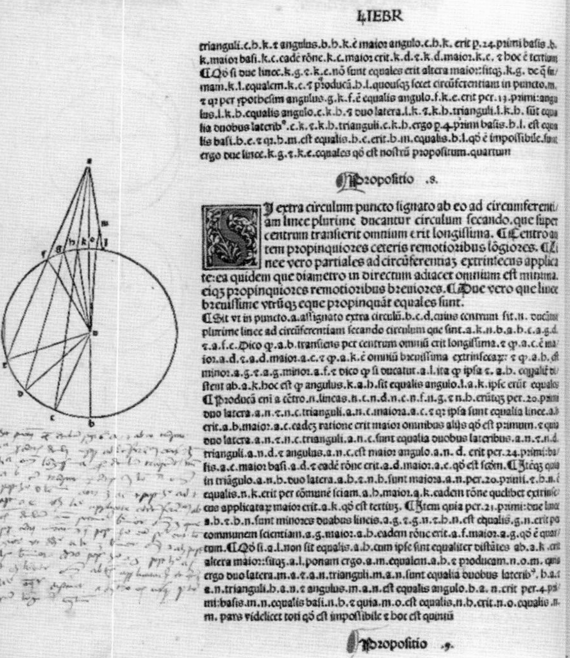

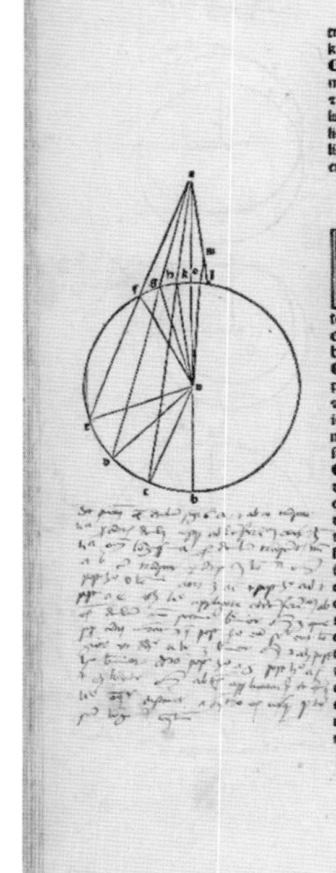

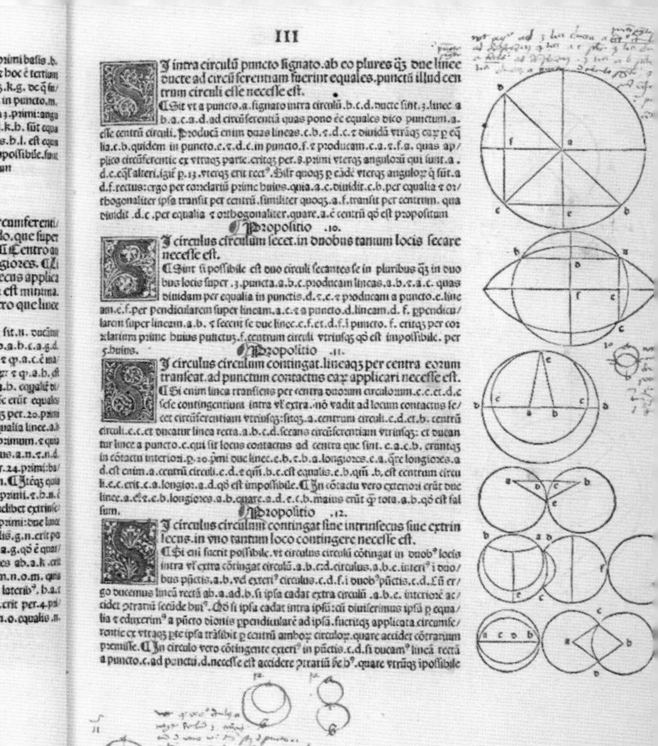

그의 출생에 대해선 알려진 게 거의 없지만 유클리드는 프톨레마이오스 1세(기원전 367-283년경)가 이집트 왕국을 지배하던 기원전 3세기경에 고대 알렉산드리아에서 살았던 것으로 보인다. 총 13권으로 이루어진 그의 『기하학 원론』에는 그림들과 함께 각종 정의, 가정 및 명제, 기하학 관련 증명들, 정수론, 각종 비율 등이 담겼는데 이것들은 정수 비율로는 표현할 수 없는 것들이다. 『기하학 원론』은 논리 및 현대 과학 발전의 토대가 되었으며, 인류 역사상 가장 영향력 있는 수학책들 중 하나로 꼽히고 있다. 또한 1482년에 처음 인쇄되어 독일인 인쇄업자 요하네스 구텐베르크가 인쇄기를 발명한 이래 가장 앞서 제작된 수학책들 중 하나로, 아마 성경에 이어 2번째로 인쇄 판수가 많은 책일 것이다. 에이브러햄 링컨은 논리적 사고 능력을 연마하기 위해 유클리드의 『기하학 원론』을 열심히 공부했으며, 퓰리처상을 수상한 미국의 시인 겸 극작가 에드나 세인트 빈센트 밀레이는 1922년에 「유클리드 혼자 뷰티 베어를 지켜봤다」라는 제목의 시를 쓰기도 했다.

오른쪽 1482년에 나온 유클리드의 『기하학 원론』 초판에는 3권의 명제 8-12가 나온다.

왼쪽 벨기에 플랑드르 출신의 화가 켄트의 유스투스는 1474년경에 그린 자신의 시리즈 작품 <유명한 남자들>에서 유클리드를 그렸다.

유클리드의 『기하학 원론』의 이 아랍어 번역은 박학다식한 페르시아인 나시르 알딘 알투시(1201-1294년)에 의해 이루어졌다.

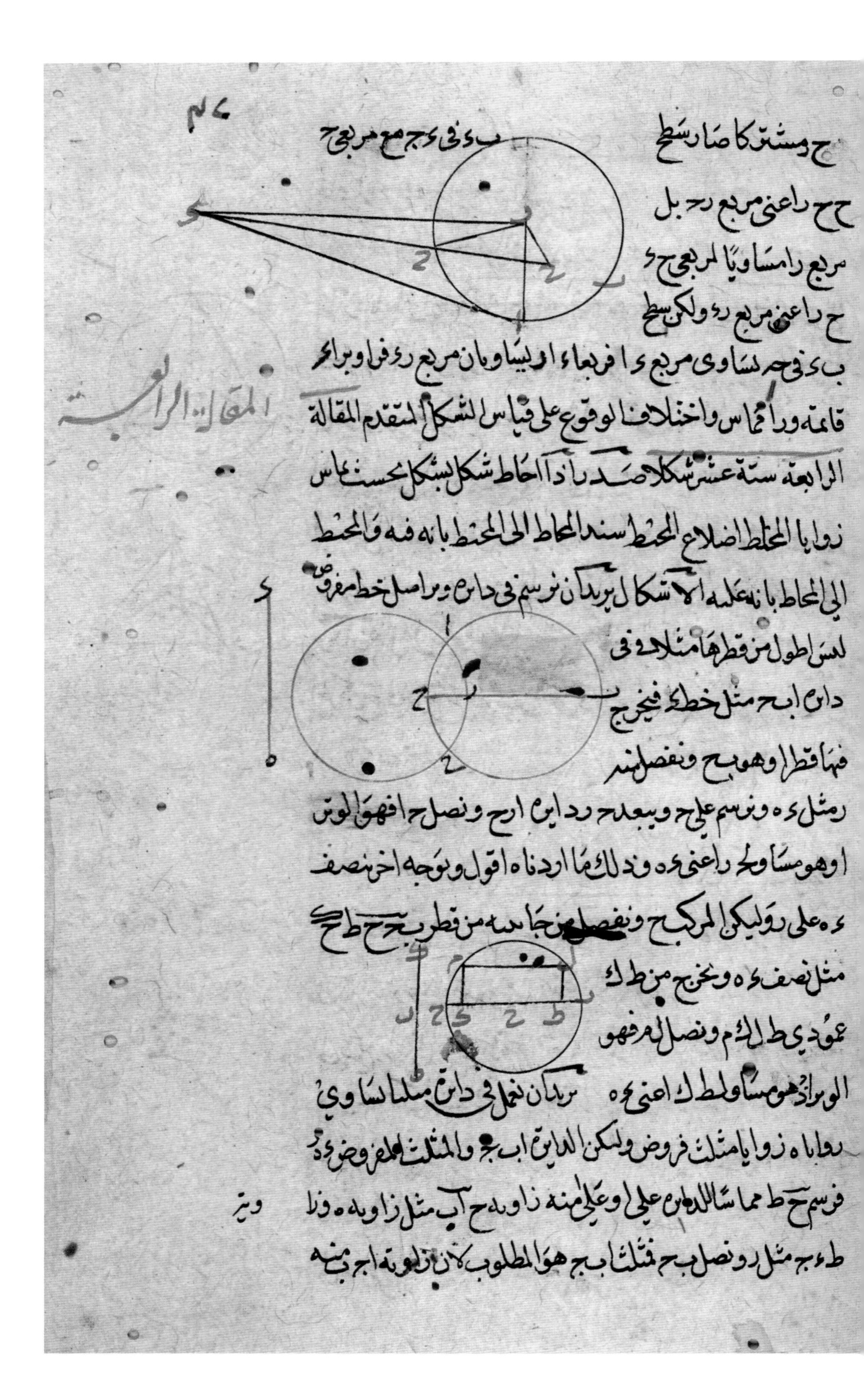

بنى سطح ب د فى د ج مساو بالمربع د ه وذلك ما اردناه وانتضمت
من هذه الاشكال على الاخير اقول ويتبين من هذا ان كل خطين يخرجان
من نقطة ويماسان دائرة بعينها عن جنبتيها فهما متساويان اقول تمكن ان
يخرج هذا الشكل والذي قبله في قول واحد وهو ان يقال اذا اخرج
من نقطة خطان متماسان الى ما تحاذيهما من جانبي محيط دائرة و
خطان اخران مثلهما وعن متماسين اياهما فسطح احد الاولين في
الاخر مساوي سطح احد الاخرين في الاخر وقس البرهان عليه
اذا اخرج خطان من نقطة خارجة من دائرة اليها قاطعا احدهما اياها
ومنتهيا الاخر اليها غير قاطع وكان سطح جميع القاطع فيما وقع منه
خارجا مساويا بالمربع المنتهي مماسا للدائرة ولتكن الدائرة ابج و
النقطة د والقاطع د ج ب والمنتهي د ا ونخرج من د د ه مماسا لها
ونصل من زا كم اليها
د ه فلان سطح ب د في
د ج مساو بالمربع د ا
بالفرض وللمربع د ه لما
مر يكون د ا د ه متساويين وكان ز ا ز ه متساويين و ز د مشتركا
فزاوية د ا ز تساوي زاوية د ه ز القائمة فهي قائمة و د ا العمود على
المماس وذلك ما اردناه اقول وهذا الشكل ليس في نسخة الحجاج
وهو كانه زائد وقع في عاشر المقالة الرابعة ولا حاجة اليه ولكن
اخر ولنعد الدائرة والخطين ونصل ز ا ز ج ونخرج ز ح على ب ج وعمود ز ح
فلان سطح ب د في د ج مع مربع ج ح مساو لمربع ح د واذا جعلنا مربع

아인슈타인이 '신성한 작은 기하학 책'이라 부르기도 한 『기하학 원론』에서 유클리드는 황금비가 기하학적으로 어떻게 만들어지는지를 보여주는 구조들(펜타그램 포함)을 예시하면서 '외중비', 즉 황금비라는 말을 여러 차례 하고 있다. 유클리드의 『기하학 원론』 6권에 나오는 다음 구조를 보면 황금비에 대한 그의 기본적인 생각을 간략히 살펴볼 수 있다.[3)]

명제 30.

주어진 부분(AB)을 황금비(E)로 나누기.

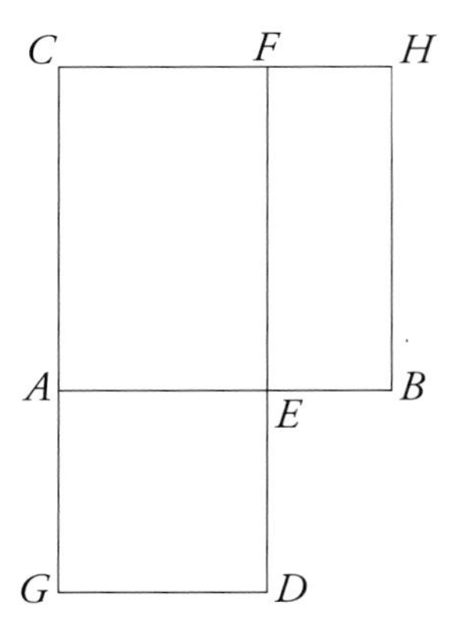

여기에서 유클리드는 주어진 선분 AB와 길이가 같은 변 4개로 이루어진 정사각형 ABHC를 만들고, 그런 다음 정사각형 ABHC와 면적이 같은 직사각형 GCFD를 만들라고 요구하고 있다. 이때 GAED 역시 정사각형이 되어야 한다. 선분 AC = 1일 때 다음과 같은 등식들이 성립한다.

- 정사각형 ABHC의 면적 = 1
- 직사각형 CFEA의 면적 = $1/\Phi$
- 정사각형 GAED와 직사각형 EBHF의 면적 = $1/\Phi^2$

유클리드는 황금비를 설명하기에 앞서 『기하학 원론』 2권에서 이와 똑같은 구조를 소개하고 있다. 선분 AC에 중점 E를 만든 뒤 선분 EB를 호로 활용해 다음과 같이 선분 EF와 AF의 길이를 결정하는 것이다.

명제 11.

주어진 선분(AB)을 나눠 그 전체(AB)와 일부(BH)로 이루어진 직사각형(BDKH)의 면적이 그 나머지 선분(AH)으로 이루어진 정사각형(AFGH)의 면적과 같아지게 하기.

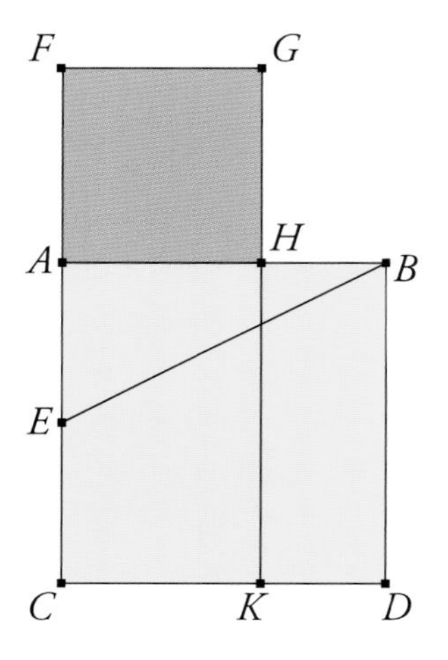

피타고라스와 케플러, 삼각형 안으로 걸어 들어가다?

“피타고라스와 케플러가 술집 안으로 걸어 들어간다”로 시작하는 유머를 들어본 적 있는가? 아마 없을 것이다. 그러나 곧 알게 되겠지만 역사적으로 유명한 이 두 수학자의 연구 결과에서 우리는 황금비의 독특한 특성들 중 하나를 볼 수 있다. 피타고라스는 사실 ‘펜타그램’ 이론(별 모양의 오각형으로 대표되는 피타고라스의 황금 분할 이론 - 옮긴이)보다는 자신의 이름을 딴 ‘피타고라스의 정리’로 더 유명한데, 피타고라스의 정리는 a, b, c(c가 빗변)라는 세 변을 가진 직각삼각형의 경우 다음 등식이 성립한다는 수학 정리이다.

$$a^2 + b^2 = C^2$$

앞서 서론 부분에서도 살펴봤듯 우리는 Φ가 그 수에 제곱한 것이 자신보다 1 더 많은 유일한 수라는 걸 알고 있다.

$$\Phi + 1 = \Phi^2$$

피타고라스가 그 유명한 피타고라스의 정리를 발견한 지 2,000년 후 독일 수학자 요하네스 케플러(1571-1630년)는 위의 두 등식 사이에 유사한 점이 있다는 걸 알아냈다. 그 결과 그는 오늘날 ‘케플러 삼각형’이라 불리기도 하는 각 변이 1, $\sqrt{\Phi}$, Φ인 독특한 삼각형을 발견하게 된다.

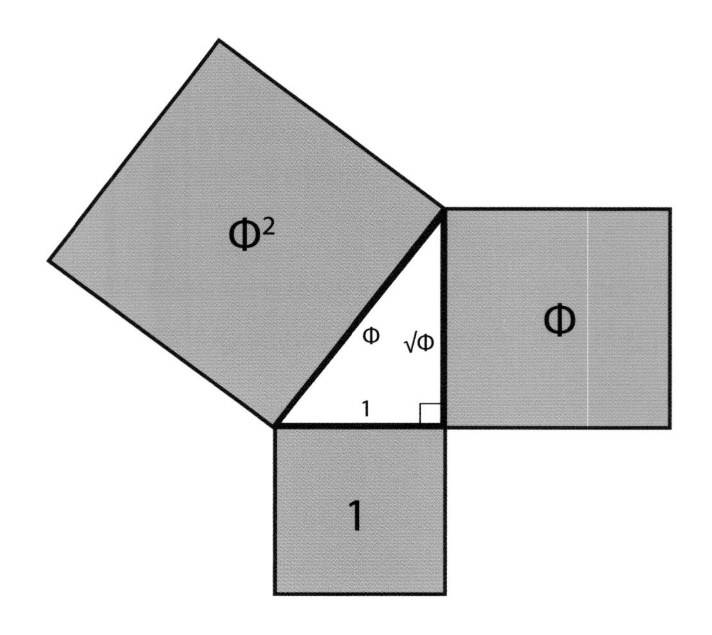

작자 미상의 이 요하네스 케플러의 초상화(1610년)는 오스트리아 크렘스뮌스터에 있는 한 베네딕트 수도원에 소장되어 있다.

구들의 조화

피타고라스와 케플러 모두 현악기의 떨림에서부터 행성들의 움직임에 이르는 모든 것에서 수학을 보았다. 확실한 건 아무도 모르지만 피타고라스는 음의 높이와 그 음을 만들어내는 현의 길이 간에 역전 관계가 있다는 걸 알아낸 최초의 인물이었다. 그는 거기서 한 걸음 더 나아가 서로 다른 행성들이 궤도를 돌 때 생겨나는 진동에서 귀에는 들리지 않는 웅얼거림이 나온다는 이론을 펴기도 했는데, 이 이론은 '우주의 음악' 또는 '구들의 조화'라는 이름하에 오랜 세월 사실로 믿어졌다.

케플러의 관심사는 신비주의에까지 미쳤고, 그래서 1596년에 낸 자신의 저서 『우주의 신비』에서는 물론 1619년에 낸 저서 『세계의 조화』에서도 우주를 기하학적인 형태들의 조화로운 정렬로 보고 탐구했다. 전자의 저서에서 케플러는 당시 알려져 있던 6개의 행성들 간의 상대적 거리를 플라톤의 5개 입체들 (17쪽 참조)의 '둥지 틀기'로 이해할 수 있다는 주장을 폈다. 플라톤의 5개 입체들은 구에 둘러싸여 있는데 그 구들이 각 행성의 궤도를 나타내며, 마지막 구가 토성의 궤도를 나타낸다고 본 것이다. 이 행성 이론은 오류가 있는 걸로 밝혀졌으나 그는 기하학으로 우주를 설명하려는 시도를 멈추지 않았고, 그러다 1617년에 『코페르니쿠스의 천문학 요약서』 1권을 발표했다. 이 책에서 그는 자신의 가장 중요한 발견들, 즉 행성 궤도의 타원형 특성과 행성 운동에 대한 자신의 첫 세 가지 법칙들을 공개했다.

오른쪽의 케플러 태양계 모델 복제본은 플라톤의 5개 입체들이 둥지 안에 자리 잡고 있는 형태를 보여준다.

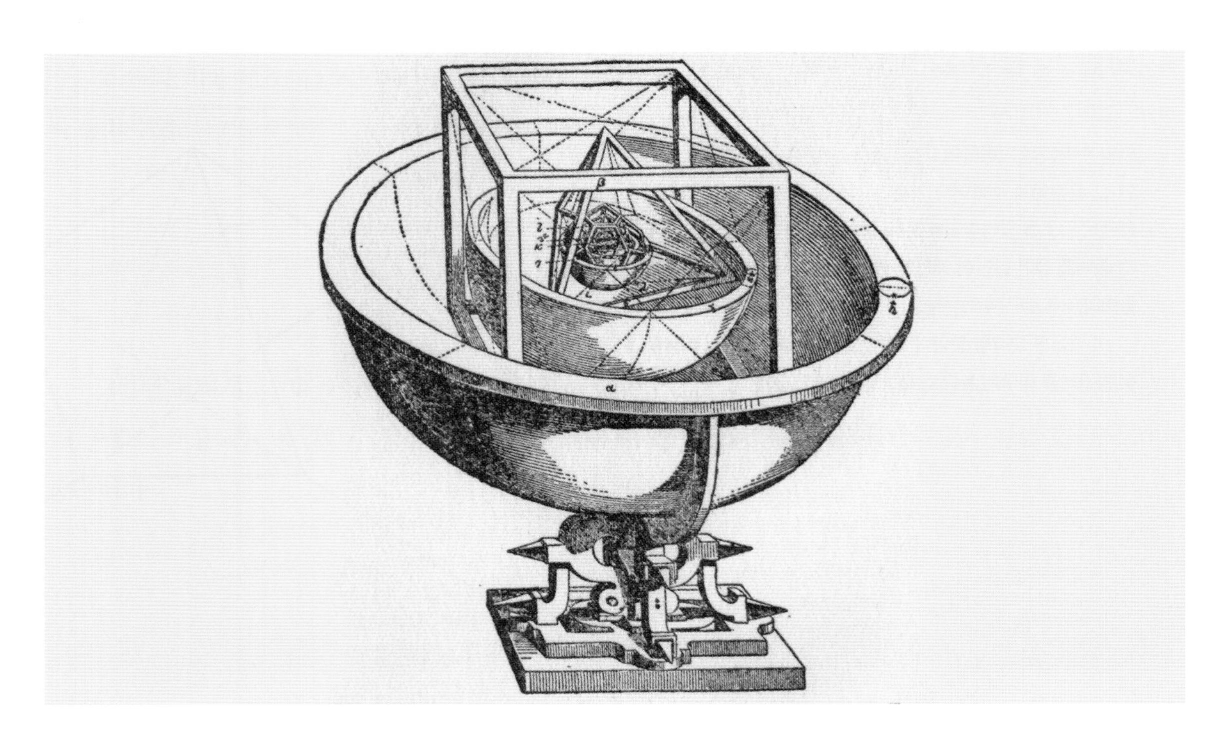

케플러가 『우주의 신비』에서 주장한 플라톤의 5개 입체들과 관련된 가설은 끝내 면밀한 검토를 거치지 못했지만 그의 초창기 우주 모델 그 자체는 수학적으로 아주 훌륭하다. 이 5개 입체들, 즉 정4면체, 정6면체, 정8면체, 정12면체, 정20면체(아래 그림 왼쪽에서부터 오른쪽으로)의 독특한 특성은 각 꼭짓점에 똑같은 모양의 면들이 모이게 되어 있다는 것이다.

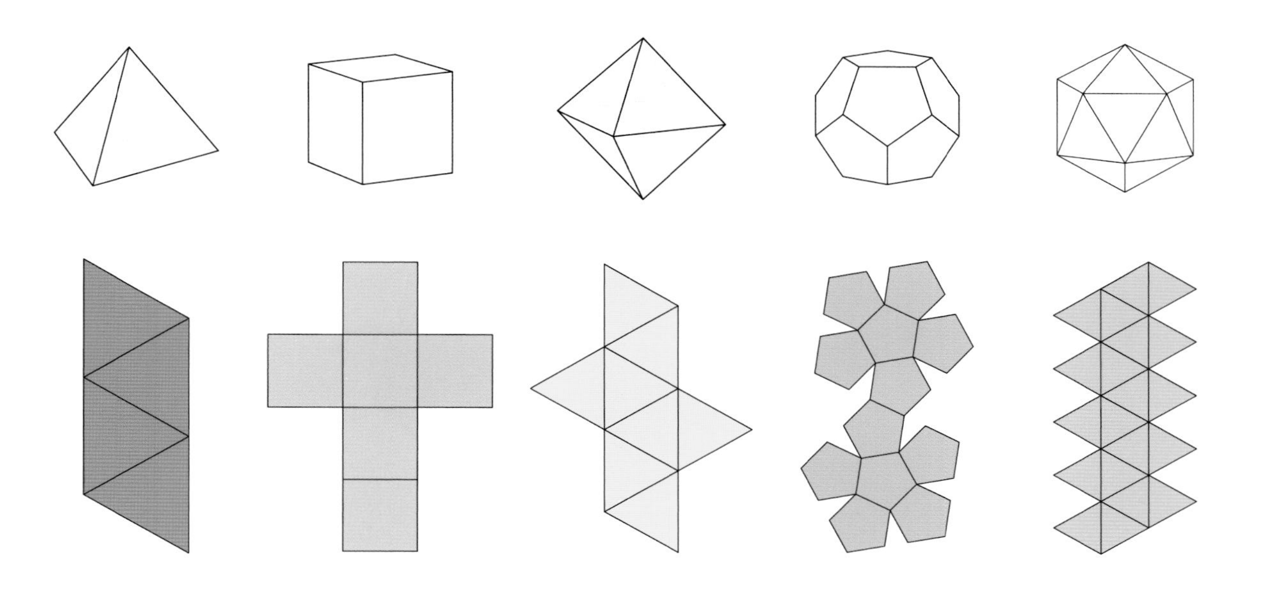

또한 플라톤의 이 아름다운 5개 입체들 가운데 2개, 즉 정12면체와 정20면체는 기하학적으로 황금비를 바탕으로 만들어진다.[5] 각 꼭짓점이 3개의 황금비 직사각형(가로-세로의 비율이 Φ, 즉 1.618인 직사각형)을 사용한 간단한 구조로 결정되는 것이다.

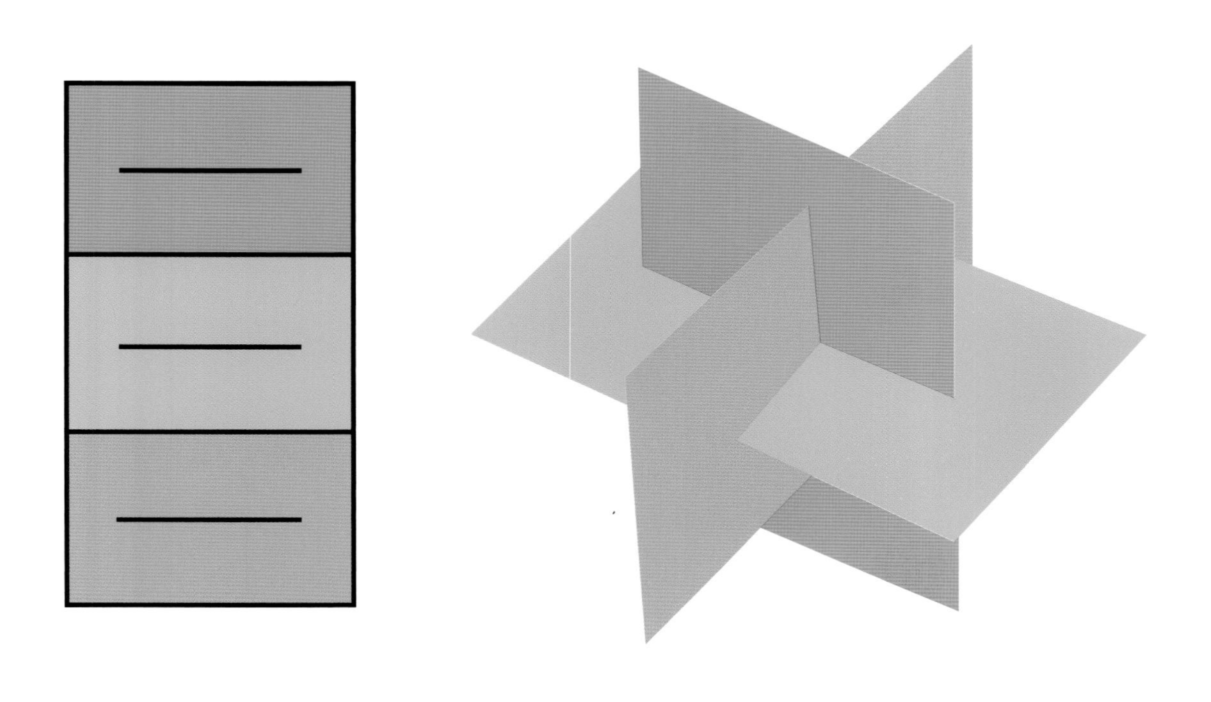

왼쪽에 있는 3개의 황금비 직사각형은 서로 맞물려 있는 오른쪽 구조로 결합될 수 있다. 그리고 이 맞물린 구조가 정12면체와 정20면체의 토대가 된다.

정12면체의 경우에는
12개 모서리가
12개 정오각형의 면들을 이루는
12개 정오각형 각각의
12개 중심이 된다.

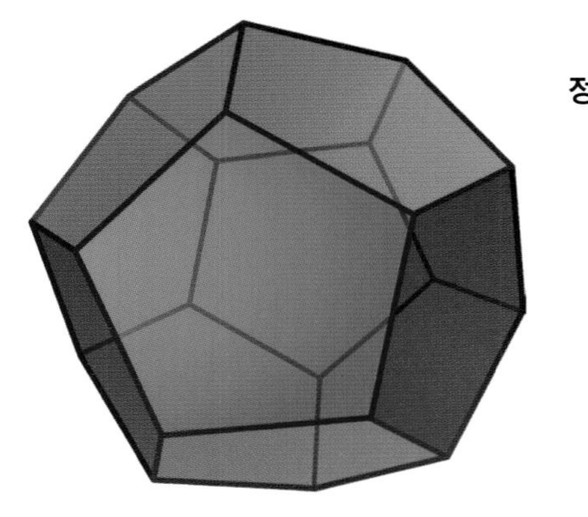

정12면체

정20면체의 경우에는
12개 모서리가
20개 정삼각형의 면들을 이루는
20개 정삼각형 각각의
12개 꼭짓점이 된다.

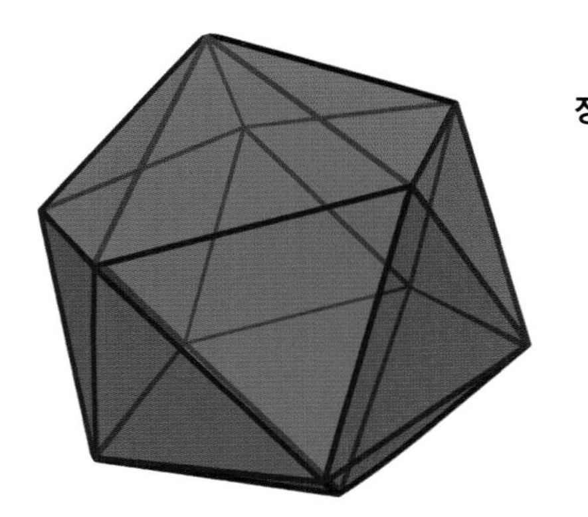

정20면체

3차원 카테시안 공간(서로 평행하지 않은 3개의 평면을 축으로 한 좌표상의 공간 - 옮긴이) 안에 서로 맞물린 황금비 직사각형 구조를 만들 경우, 길이가 2인 20면체의 12개 꼭짓점(x, y, z)의 좌표는 다음과 같다.

x-z (초록, y = 0): (±1, 0, ±Φ)
y-z (파랑, x = 0): (0, ±Φ, ±1)
x-y (빨강, z = 0): (±Φ, ±1, 0)

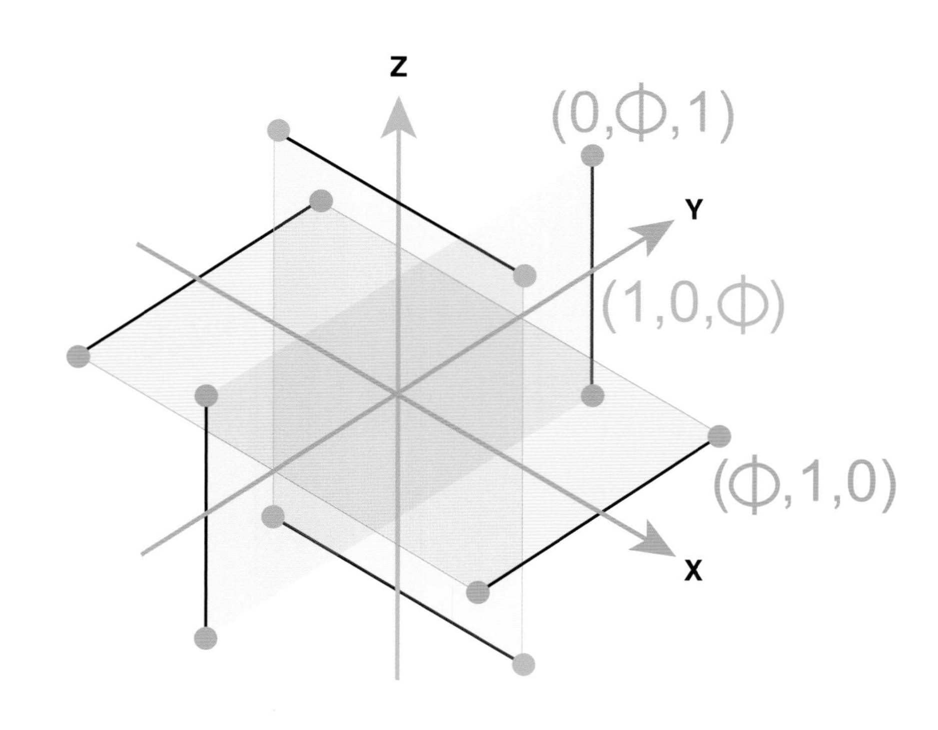

그다음으로 3차원 카테시안 공간 안에 정12면체를 만들 경우, 모서리 길이가 2인 정육각형을 에워싼 12면체의 20개 꼭짓점(x, y, z)의 좌표는 다음과 같다.

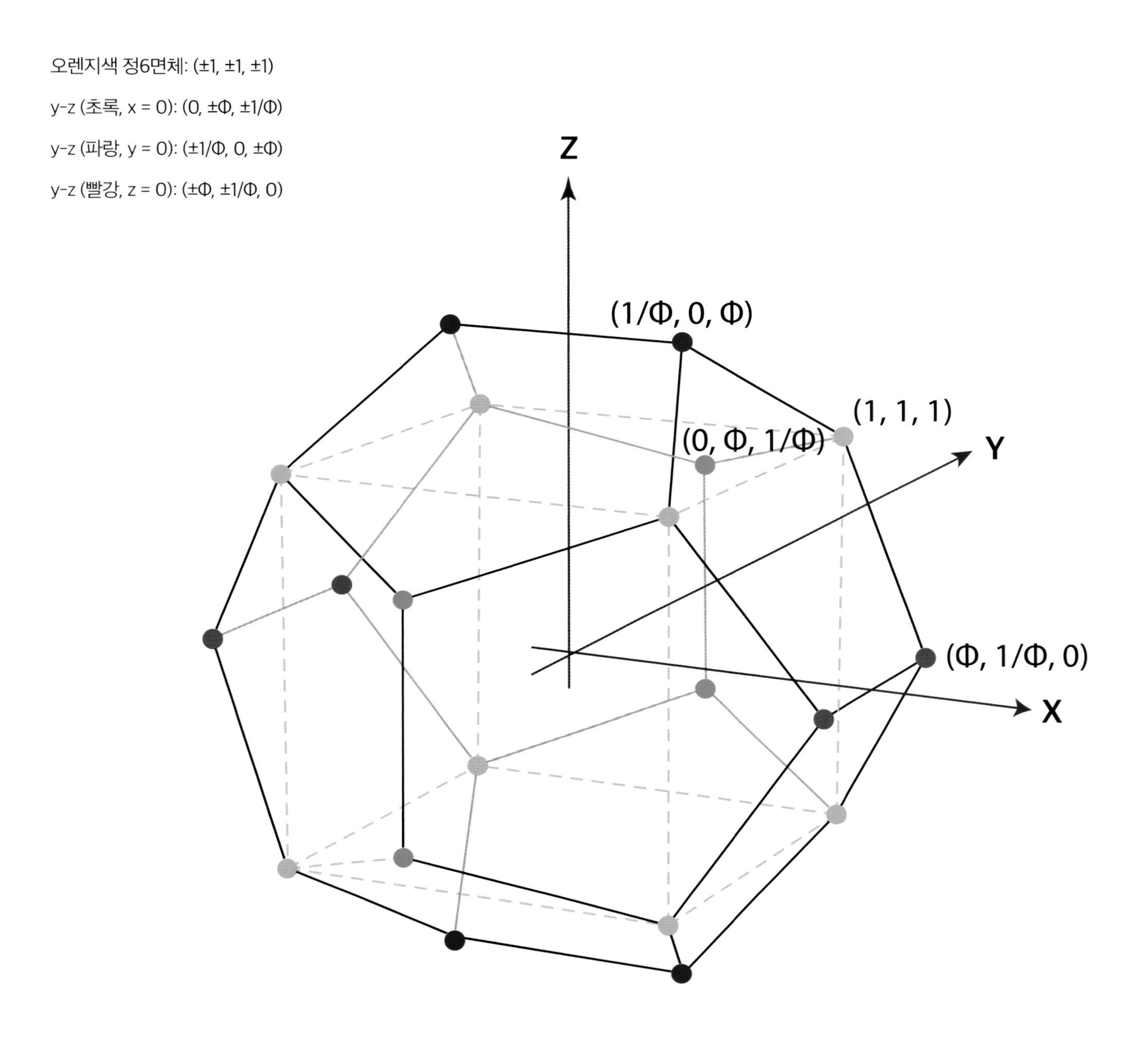

우리가 알고 있는 정오각형의 비율들을 감안하면 모서리 길이가 2인 정육각형을 에워싼 정12면체 모서리들의 길이는 2/Φ가 된다.

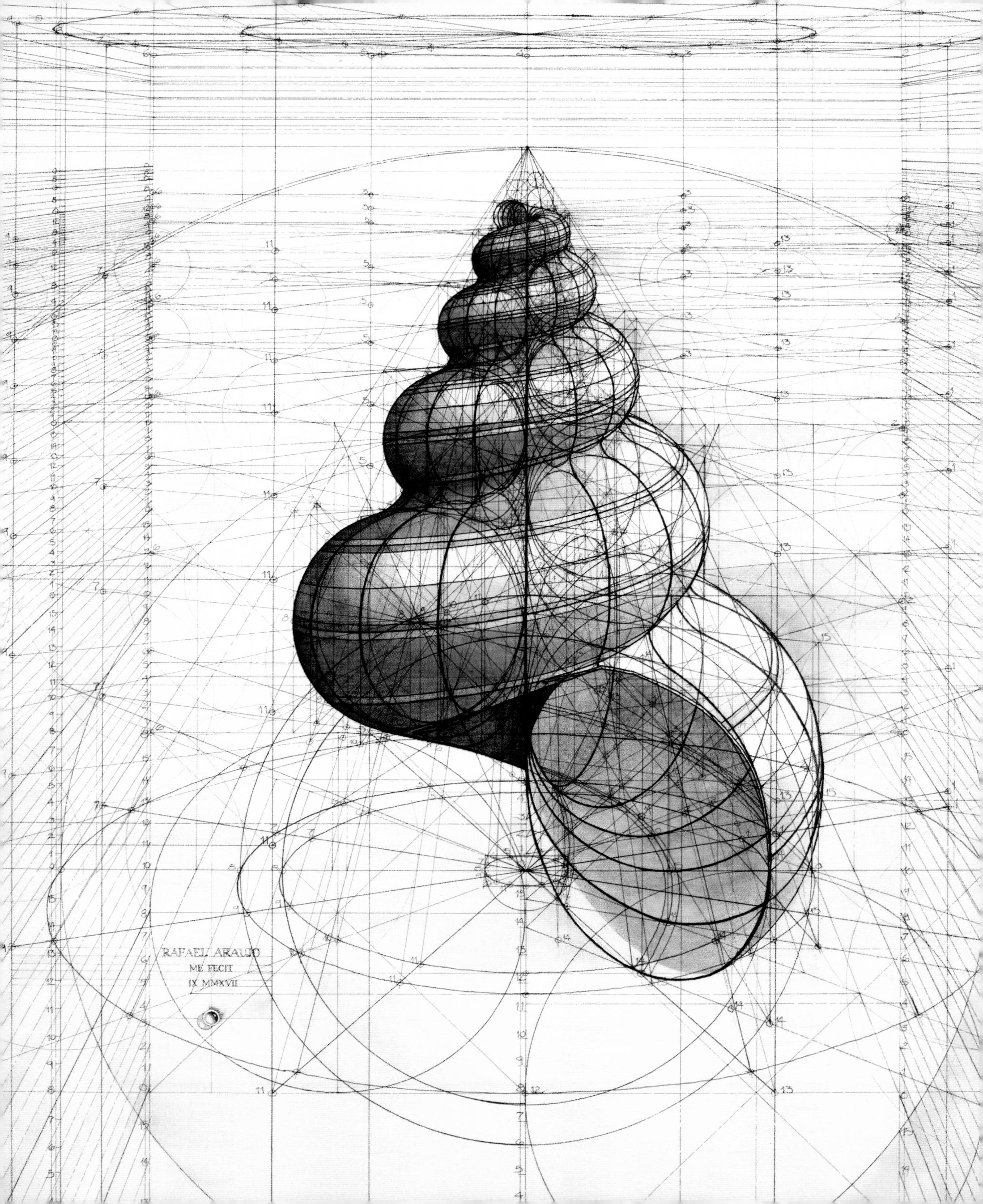
RAFAEL ARAUJO
ME FECIT
IX MMXVII

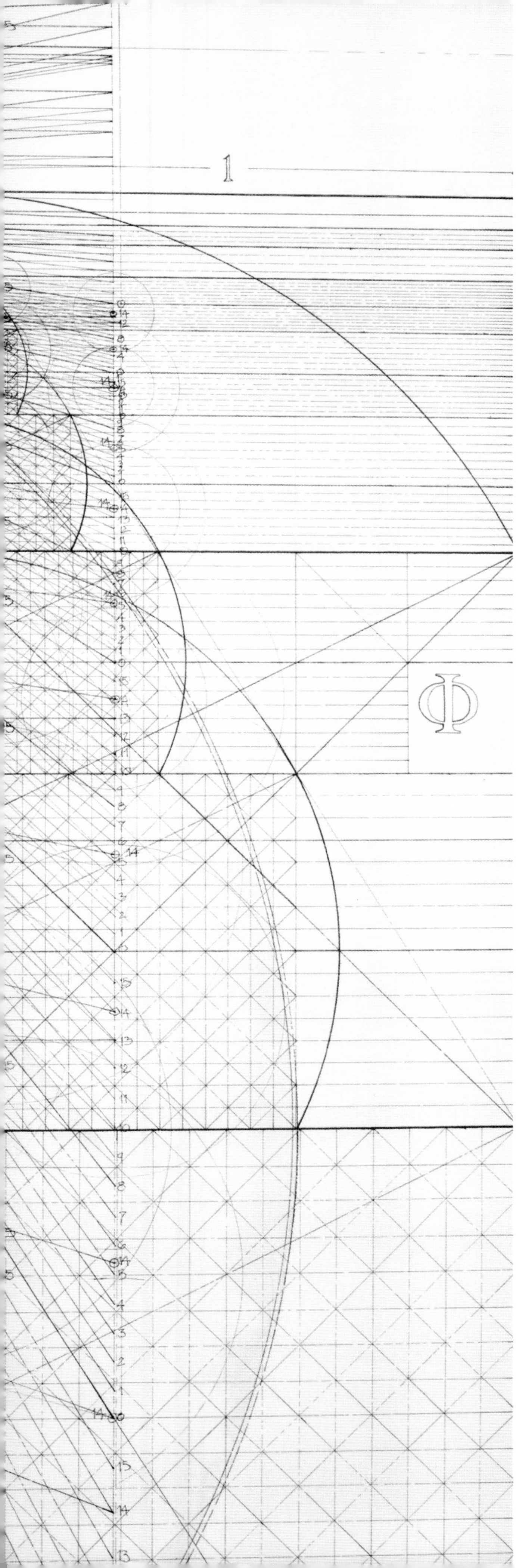

II

파이와 피보나치

"우리는 우주를 설명하는 언어를 배우고
그 언어의 특징들에 익숙해지지 못하는 한
우주를 제대로 이해할 수 없다.
그리고 우주를 설명하는 언어는
수학이다."[1)]

– 갈릴레오 갈릴레이

그리스인들의 수학 연구는 9세기 때 바그다드에서 활발하게 이루어졌는데 아바스 왕조의 5대 칼리프 하룬 알-라시드가 그곳에 훗날 '지혜의 집'으로 알려지게 될 도서관을 건립한 덕이었다. 이 도서관에서는 이슬람교와 유대교, 기독교 학자들이 한데 모여 화학이나 지도 제작 같은 주제를 놓고 활발한 토론을 벌였으며, 그리스와 인도의 고대 문헌들을 아랍어로 번역하는 작업도 했다. 그리고 이후 13세기까지 이어진 '이슬람 황금 시대'에는 과학 및 수학 분야에서 많은 놀라운 발전들이 이루어졌다. 예를 들어 이슬람 학자 무하마드 이븐 무사 알-콰리즈미(790-850년경)는 세계에서 처음으로 자릿수를 나타내는 데 0을 사용한 수학자들 중 한 사람으로서 자신의 저서 『완성 및 균형에 의한 계산에 대한 요약서』에서 algebra, 즉 대수학이란 말을 사용했는데 이는 '완성'을 뜻하는 아랍어 '알 자브르al-jabr'에서 온 것이다. 이 말은 2차 방정식을 푸는 과정을 설명하는 데서 왔으며, 결국 대수학의 탄생으로 이어진다. 흥미로운 점은 같은 책에서 그가 길이가 10인 한 선을 황금비가 되도록 2등분한 것을 2차 방정식으로 설명했다는 것이다.

1983년에 나온 이 구소련 우표에는 영향력이 컸던 9세기 수학자 알-콰리즈미의 초상이 그려져 있는데, 그는 당시 바그다드에 있던 도서관 '지혜의 집'(오른쪽 그림)에서도 명성이 자자했다.

피보나치 수열

알-콰리즈미보다 반 세기 후에 살았던 이집트 출신의 이슬람 수학자 아부 카밀 슈자 이븐 아슬람(850-930년경)은 기하학 문제들을 푸는 데 복잡한 대수학을 활용했으며, 세 가지 비선형 방정식을 풀어 세 가지 다른 변수들을 찾아냈다. 그는 다양한 방법으로 길이 10인 선을 나누고, 정오각형을 정사각형 안에 내접시키는 방정식들을 제시하기도 했다. 그는 또 무리수를 활용해 2차 방정식을 푼 최초의 수학자였으며,[2] 알-콰리즈미의 『완성 및 균형에 의한 계산에 대한 요약서』를 한층 발전시킨 그의 『대수학 책』은 12세기 때 라틴어로 번역되면서 유럽에 많은 영향을 끼쳤다.

알-콰리즈미의 연구, 특히 힌두 숫자와 아라비아 숫자에 대한 그의 연구는 훗날 피사 출신의 부자 상인 아버지와 함께 알제리의 한 항구 도시를 방문한 어린 이탈리아 소년의 관심을 끌었다. 그 소년이 바로 레오나르도 피보나치(1175-1250년경)인데, 그는 1202년 『계산판의 책』을 내놓음으로써 유럽 전역에 힌두 숫자와 아라비아 숫자를 널리 알리면서 역사상 가장 유명한 수학자들 중 한 사람이 되었다.

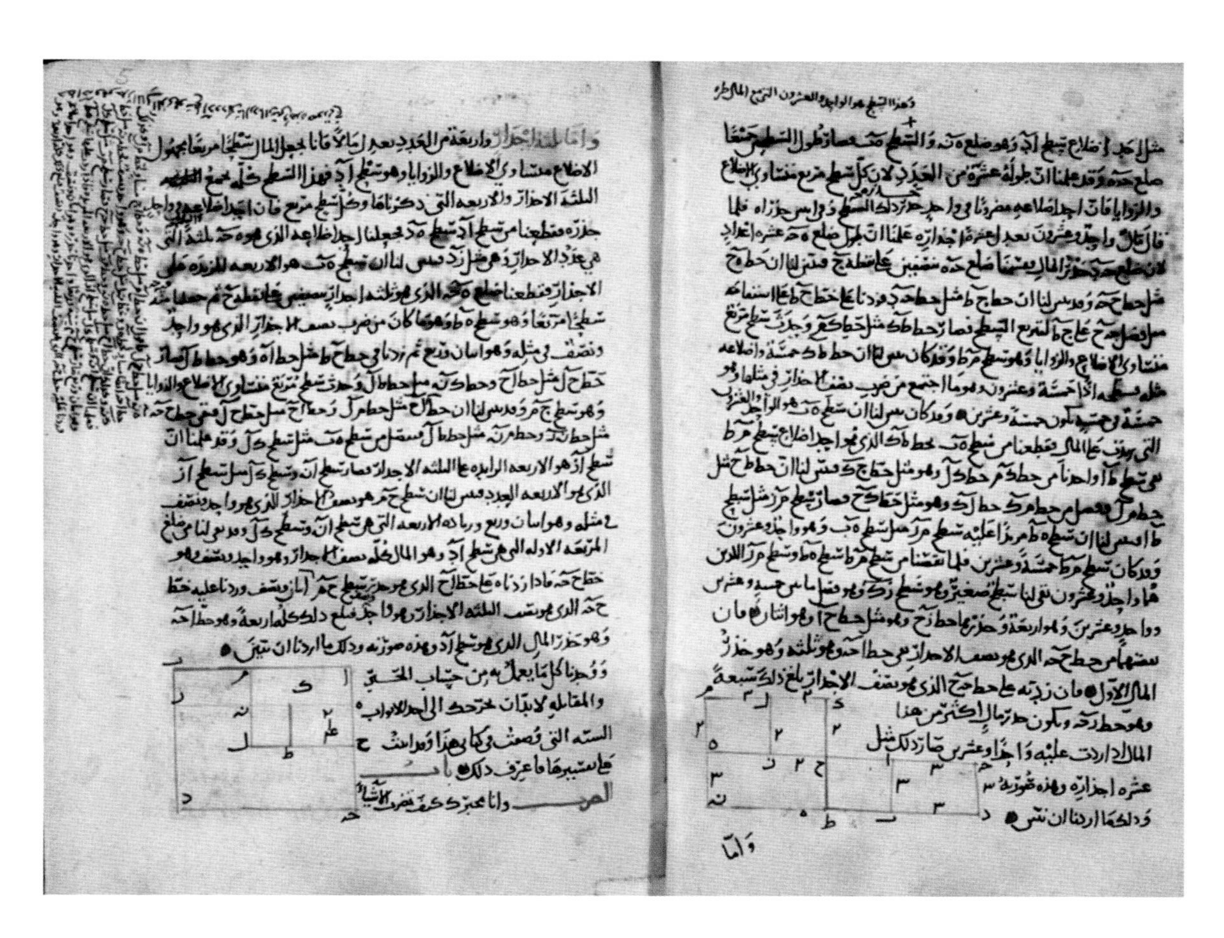

알-콰리즈미가 쓴 대수학 책의 이 1342년 판에는 두 가지 2차 방정식에 대한 기하학적 해결 방법이 나와 있다.

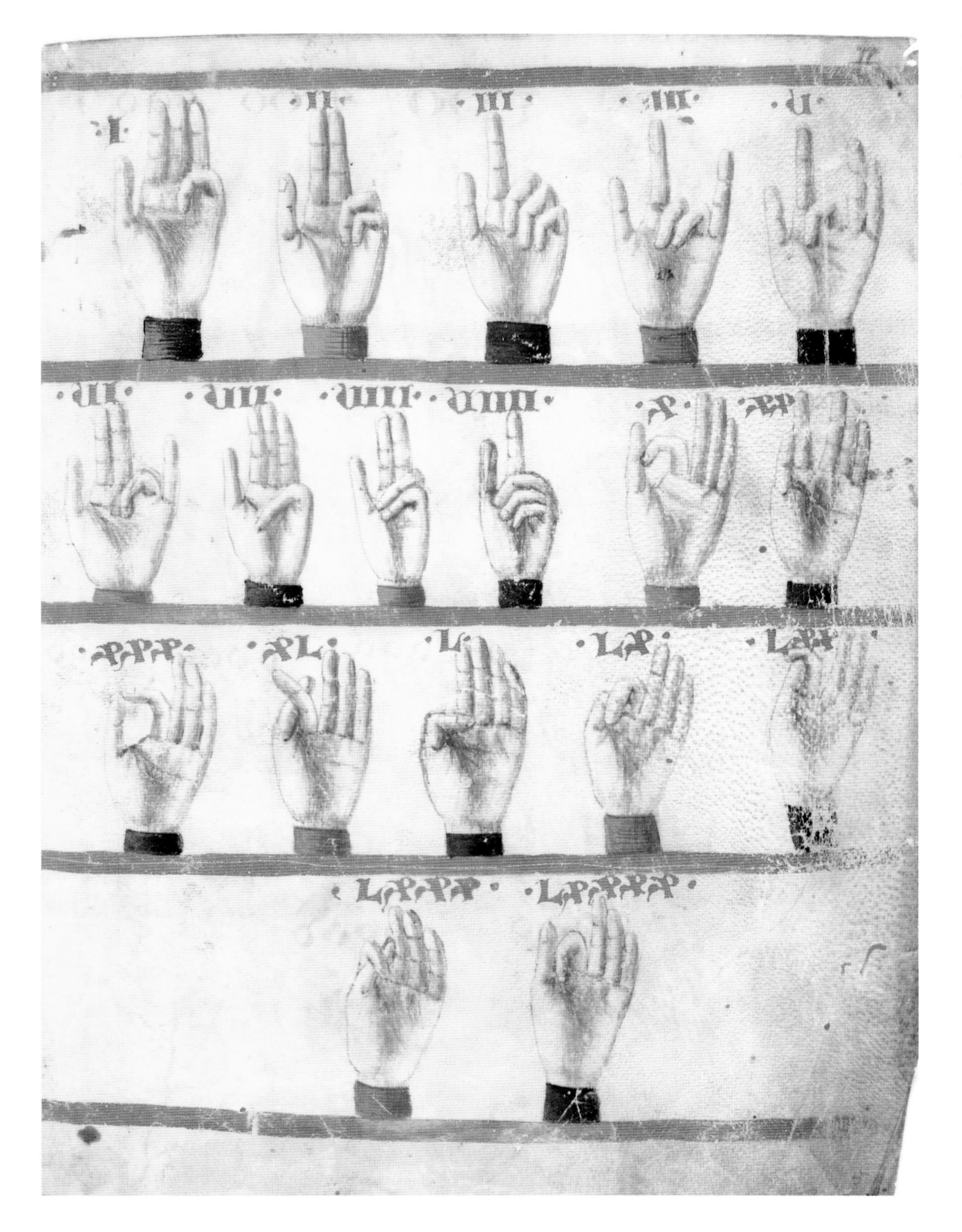

1202년에 나온 피보나치의 혁명적인 저서 『계산판의 책』에 수록된 이 페이지는 힌두 숫자와 아라비아 숫자를 서방 세계에 알린 것으로써 로마 숫자와 다른 수들과의 관계를 보여주고 있다.

맞은편 이슬람 황금 시대에 아랍의 천문학자들은 콘스탄티노플(현재의 터키 이스탄불)에 있는 한 천문대 안에서 아스트롤라베(일종의 천체 관측 기구 - 옮긴이)와 직각기(직각, 반직각의 방향을 알아내는 측량 기구 - 옮긴이)를 활용해 위도를 측정했다.

『계산판의 책』을 쓰면서 피보나치는 아부 카밀의 문제들을 비롯해 아랍의 많은 자료들을 참고했다. 그리고 길이가 10인 한 선을 나누는 아부 카밀의 방정식 2개와 황금비를 만들어내는 결과 사이에서 연관성을 발견해 나뉜 선들의 길이를 $\sqrt{125}-5$와 $15-\sqrt{125}$[3]로 나타냈는데, 이는 다시 $5(\sqrt{5}-1)$과 $5(3-\sqrt{5})$로 쓸 수도 있다. 이는 길이 10인 선에서의 두 황금비 분할 지점의 수식이다. 이제 이 수식을 둘 다 10으로 나누어보자. 그러면 Φ의 역수(1/Φ, 0.61803…)와 1−1/Φ(0.38197…)이라는 대수학 식을 얻게 된다. 앞서 Φ는 그 역수가 자신보다 1이 작은 유일한 수라고 했던 걸 상기해보라. 그런 다음 다음과 같이 등식의 양쪽에 1을 추가함으로써 Φ 그 자체에 대한 대수학 공식을 이끌어내보자.

$$1 / \Phi = (\sqrt{5} - 1) / 2 = \Phi - 1$$

$$\Phi = (\sqrt{5} + 1) / 2$$

자신의 책에서 피보나치는 토끼의 개체수 증가와 관련된 이론적 문제를 토대로 간단한 수열도 적었다. Φ 뒤에 숨겨진 놀라운 수학적 관계의 기초가 된 이 수열은 6세기 때 이미 인도의 수학자들에 의해 밝혀졌지만 이를 서구 세계에 널리 알린 건 피보나치였다.

피보나치의 수열은 다음 예를 통해 설명이 가능하다. 갓 태어난 토끼 한 쌍이 있다고 가정해보자. 한 마리는 수컷이고 다른 한 마리는 암컷이다. 이 토끼들은 생후 한 달이 되면 짝짓기를 할 수 있고, 그래서 두 번째 달이 끝나갈 때쯤이면 암컷이 다른 토끼 한 쌍을 낳을 수 있다고 가정해보자. 그리고 이 토끼들은 절대 죽지 않으며, 암컷은 늘 두 번째 달에서부터 한 달 후 새끼를 한 쌍(암수 각 한 마리씩) 낳는다고 가정해보자. 피보나치가 사람들에게 던진 질문은 '1년 후면 얼마나 많은 쌍의 토끼들이 태어날 것인가?' 하는 것이었다. 정답은 144쌍이었는데, 이는 토끼들이 12번째 새로 태어나는 달에 맞춰 아래와 같이 그 수가 늘어나다가 12번째에 나온 숫자였다. 토끼의 수는 아래와 같이 0과 1로 시작하며, 바로 앞의 두 합계를 더한 것이 그다음 수가 된다.

$$0 + 1 = 1$$
$$1 + 1 = 2$$
$$2 + 1 = 3$$
$$3 + 2 = 5$$
$$5 + 3 = 8$$
$$8 + 5 = 13$$

이런 식으로 계속 진행되면 다음과 같은 결과가 나오는데, 이를 피보나치의 이름을 따 '피보나치 수열'이라 한다.

0, 1, 1, 2, 3, 5, 8, 13, 21, 34, 55, 89, 144, 233, 377, 610, 987, …

이 피보나치 수열의 경우 다음과 같은 등식에 Φ와 $\sqrt{5}$를 써서 n번째 수를 계산해낼 수 있다.

$$f(n) = \Phi^n / \sqrt{5}$$

예를 들어 피보나치 수열의 12번째 수는 다음과 같이 계산해낼 수 있다.

$\Phi^{12} / \sqrt{5}$ = 321.9969…/ 2.236… = 144.0014…. 따라서 대략 144

그런데 이 피보나치 수열에서 연속된 각 두 수의 비율은 Φ에 가까워진다. 이런 현상은 다음과 같이 연속된 두 수들의 비율을 보면 금방 알 수 있다. 점점 황금비인 Φ, 즉 1.618에 가까워지는 게 보일 것이다.

1 / 1 = 1.000000
2 / 1 = 2.000000
3 / 2 = 1.500000
5 / 3 = 1.666667
8 / 5 = 1.600000
13 / 8 = 1.625000
21 / 13 = 1.615385
34 / 21 = 1.619048
55 / 34 = 1.617647
89 / 55 = 1.618182
144 / 89 = 1.617978
233 / 144 = 1.618056
377 / 233 = 1.618026
610 / 377 = 1.618037
987 / 610 = 1.618033

대리석으로 제작된 피보나치의 아래 조각상은 1863년 이탈리아 조각가 조반니 파가누치에 의해 만들어졌다.

피보나치 삼각형 만들기

피보나치 수열에서 연이어 나타나는 그 어떤 세 가지 수들도 직각삼각형을 이루지 못하지만 연이어 나타나는 피보나치 수열의 네 가지 수들은 모두 직각삼각형을 이룬다. 그러니까 밑변(a)과 빗변(c)의 길이는 2번째와 3번째 수들에 의해 결정되며, 그 나머지 변은 첫 번째(b')와 4번째(b") 수를 곱한 것의 제곱근이다. 아래 표를 보면 알 수 있다.

피보나치 수열			
b'	a	c	b"
0	1	1	2
1	1	2	3
1	2	3	5
2	3	5	8
3	5	8	13

피보나치 삼각형		
a^2	$b' \times b''$	$a^2 + b' \times b'' = c^2$
1	0	1
1	3	4
1	2	9
2	3	25
3	5	64

이 삼각형의 변의 길이들은 위의 왼쪽 표 5번째 줄에서 온 것들이다.

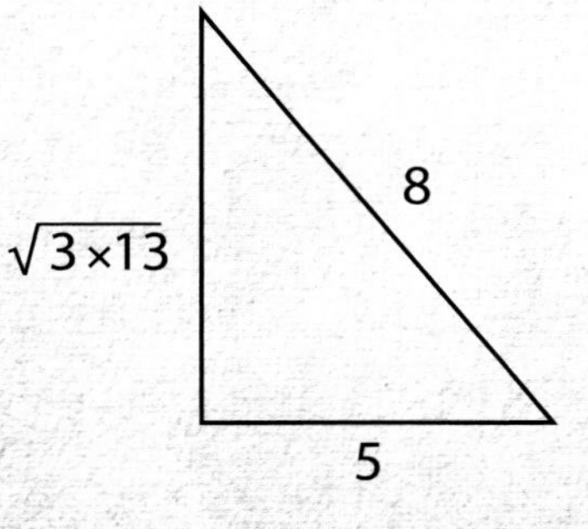

피보나치 수열의 수들 간에는 독특한 관계들이 많다. 예를 들어 연이은 세 가지 수들 간에는, 그러니까 f(n−1), f(n), f(n+1) 간에는 모두 다음 등식과 같은 관계가 성립한다.

$$f(n-1) \times f(n+1) = f(n)^2 - (-1)^n$$

$$3 \times 8 = 5^2 - 1$$
$$5 \times 13 = 8^2 + 1$$
$$8 \times 21 = 13^2 - 1$$

또 다른 관계도 있다. 모든 n번째 피보나치 수는 f(n)의 배수이며, 이때 f(n)은 피보나치 수열의 n번째 수이다. 예를 들어 0, 1, 2, 3, 5, 8, 13, 21, 34, 55, 89, 144, 233, 377, 610, 987, 1597, 2584, 4181, 6765의 경우 다음과 같은 결과가 나온다.

- 매 **4번째** 수들(예를 들어 3, 21, 144, 987)은 3의 배수이며, 이는 **f(4)**이다.
- 매 **5번째** 수들(예를 들어 5, 55, 610, 6765)은 5의 배수이며, 이는 **f(5)**이다.
- 매 **6번째** 수들(예를 들어 8, 144, 2584)은 8의 배수이며, 이는 **f(6)**이다.[7]

또한 피보나치 수열은 매 24번째 수들이 반복되는 패턴을 보인다.[8] 이 반복되는 패턴에는 '수 감소'라 불리는 간단한 기법이 적용되는데, 어떤 수의 모든 숫자들을 더하다 보면 한 가지 숫자만 남게 된다. 예를 들어 256이라는 수에 수 감소를 적용하면 4가 된다. 2 + 5 + 6 = 13 이렇게 되고 다시 1 + 3 = 4 이렇게 되므로. 피보나치 수열의 수들에 수 감소를 적용하면 다음처럼 24개의 숫자들이 계속 반복된다.

1, 1, 2, 3, 5, 8, 4, 3, 7, 1, 8, 9, 8, 8, 7, 6, 4, 1, 5, 6, 2, 8, 1, 9

첫 번째 12개 숫자들을 취해 그 숫자들을 2번째 12개 숫자들에 더해보라. 그런 다음 그 결과에 수 감소를 적용하면 값이 모두 9가 될 것이다.

컬러로 된 왼쪽 직사각형들의 배열은 피보나치 수들의 합계로서의 첫 번째 160개의 자연수들을 나타낸다.

이 판화에 그려진 인물은 피보나치 수열을 연구한 또 다른 저명한 프랑스 수학자 조제프 루이 라그랑주이다.

1774년 프랑스 수학자 조제프 루이 라그랑주가 발견한 사실인데, 피보나치 수열에 나오는 수들의 마지막 숫자는 다음과 같이 60번째 수 이후마다 반복되는 패턴을 갖고 있다.

0, 1, 1, 2, 3, 5, 8, 3, 1, 4, 5, 9, 4, 3, 7, 0, 7, 7, 4, 1, 5, 6, 1, 7, 8, 5, 3, 8, 1, 9,
0, 9, 9, 8, 7, 5, 2, 7, 9, 6, 5, 1, 6, 7, 3, 0, 3, 3, 6, 9, 5, 4, 9, 3, 2, 5, 7, 2, 9, 1

이 60개의 숫자들을 아래 그림처럼 원 형태로 배열할 경우 다음과 같이 또 다른 패턴들이 등장한다.[9)]

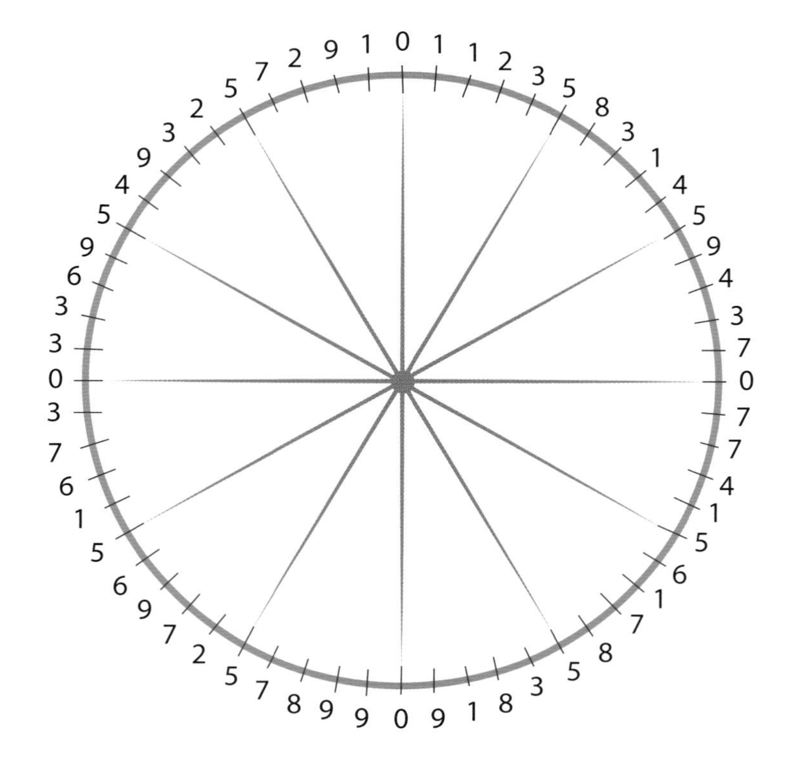

- 숫자 0들이 컴퍼스상에서 동서남북 네 방위에 위치하게 된다.
- 숫자 5들은 시계의 1부터 12시까지의 12개 지점 중 8곳에 위치하게 된다.
- 숫자 0의 경우를 제외하고 서로 마주보고 있는 정반대의 두 수를 합하면 10이 된다.

황금비 측정 툴과 규칙들

인류의 가장 위대한 그림들 중 일부에 나타난 황금비를 살펴보기에 앞서 황금비 측정 툴과 규칙들에 대해 짧게 언급하고자 한다. 어떤 이미지와 물체의 황금비를 분석하려 할 때는 간단하면서도 전문화된 툴들을 활용하면 된다. 조각과 건물들 심지어 사람 얼굴 같은 물리적 물체들의 황금비는 황금 분할 캘리퍼를 활용해 측정할 수 있다. 한 가지 캘리퍼의 경우 황금비 분할 지점에 두 다리가 합쳐져 있어 반대쪽 두 끝이 황금비를 이루게 된다. 또 다른 캘리퍼는 가운데에도 다리가 있어 바깥쪽 두 다리 사이에 황금비 분할 지점이 오게 된다.

디지털 이미지를 분석할 경우 내가 개발한 파이매트릭스 소프트웨어가 황금비를 찾아내고 적용하는 데 더없이 편리하다. 이 소프트웨어를 사용하면 수평으로든 수직으로든 어떤 차원의 황금비도 픽셀 수준의 정확도로 찾아낼 수 있다. 또한 황금비의 황금비도 보여줄 수 있는데, 이때 모든 선은 다음 마지막 격자선에서 보듯 한쪽 황금비의 황금비가 된다.

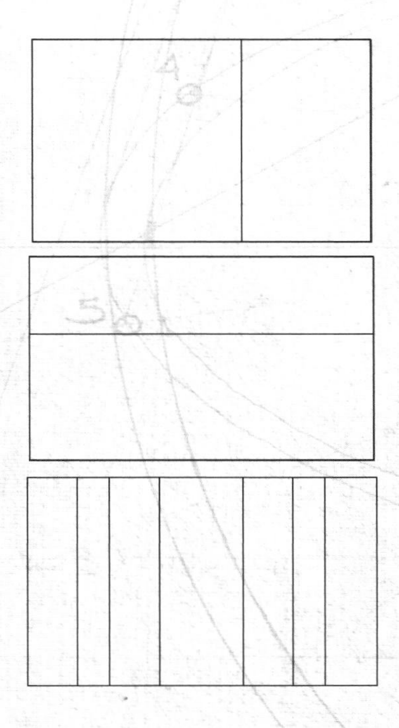

이런 툴들을 사용할 경우 당신은 주변 모든 것에서 황금비의 예들을 찾아낼 수 있다. 이런 황금비는 만든 사람이 의도한 것일 수도 있지만 단순한 우연의 일치인 경우도 있다. 이런 사실을 염두에 두면서 구도의 기본이 되는 황금비를 확인하는 데 필요한 다음 지침들을 살펴보도록 하자.

- **적합성** 황금비가 해당 물체의 가장 두드러지거나 적합한 특징들에 토대를 두고 있어야 한다.
- **편재성** 우연의 일치가 아니라 의도된 바라는 걸 입증하기 위해 황금비가 한 곳 이상에서 나타나야 한다.
- **정확성** 활용 가능한 가장 뛰어난 해상도의 이미지들을 사용해 최대한 정확히 측정한 경우의 황금비가 실제 황금비 수치의 ±1 퍼센트 내에 들어와야 한다.
- **단순성** 황금비가 지극히 단순한 접근 방식들을 토대로 적용돼 화가나 디자이너가 실제 적용했을 가능성이 높아야 한다.

기념비적인 자신의 세 권짜리 논문에서 파치올리는 논문의 개요 및 집필 의도를 밝히는 모두 발언을 통해 이런 말을 했다.

"명석하고 탐구적인 인간 정신에 필요한 책으로서 이 책을 통해 철학, 미술, 조각, 건축, 음악, 기타 수학 분야에 대한 배움을 즐기는 모든 사람이 아주 섬세하면서도 멋진 가르침을 받게 될 것이며 또 비밀 과학과 관련된 다양한 질문들을 풀어가는 즐거움을 맛보게 될 것이다."[2)]

수학적 비율, 특히 황금비 수학에 대해 또 그 황금비를 미술 및 건축에 적용하는 문제에 대해 논하면서 파치올리는 조화로운 형태들에 얽힌 비밀에 대한 일반 대중의 인식을 일깨워주고 싶어 했다. 우리가 이미 살펴보았듯이 12면체와 20면체 같은 일부 기하학적 입체들은 자체의 치수들과 서로 교차하는 선들의 공간 위치 안에 황금비가 내재되어 있다. 그러나 그는 그리스-로마 시대의 구조물들과 르네상스 시대의 그림들 속에서도 다른 황금비 사례들을 찾아냈다. 우리는 그의 아름다운 건축 글씨들 중 알파벳 G 속에서도 황금비를 찾아볼 수 있다.

이탈리아 화가 라파엘로 산치오 모르헨은 1817년에 중년 무렵의 레오나르도 다빈치를 묘사한 이 판화를 제작했다.

파치올리의 시대가 도래하기 전까지만 해도 Φ는 유클리드가 말한 '외중비'란 말로 알려졌다. 그 독창성과 아름다움은 일찍부터 인정받았지만 1.618에 대해 '신성한 비율'이라는 말을 처음 사용한 사람은 파치올리였다. 그가 만든 신성한 이름에 다빈치의 정확한 3차원 뼈대가 추가되면서 화가와 철학자들 사이에서는 Φ와 기하학 연구가 대중화되었다.

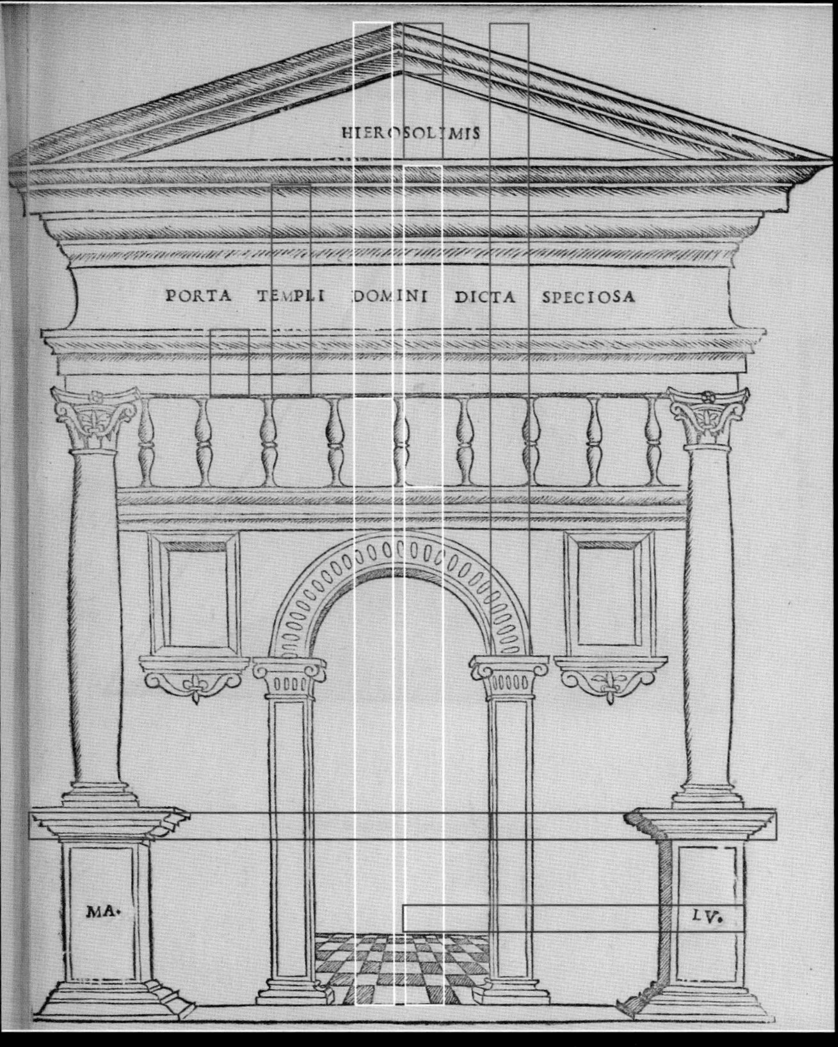

예루살렘에 있는 아름다운 솔로몬 신전 정문을 그린 이 목판화는 파치올리의 『신성한 비율』 1509년 판에 나오는 것으로, 그 속에 황금비들이 포함돼 있다.

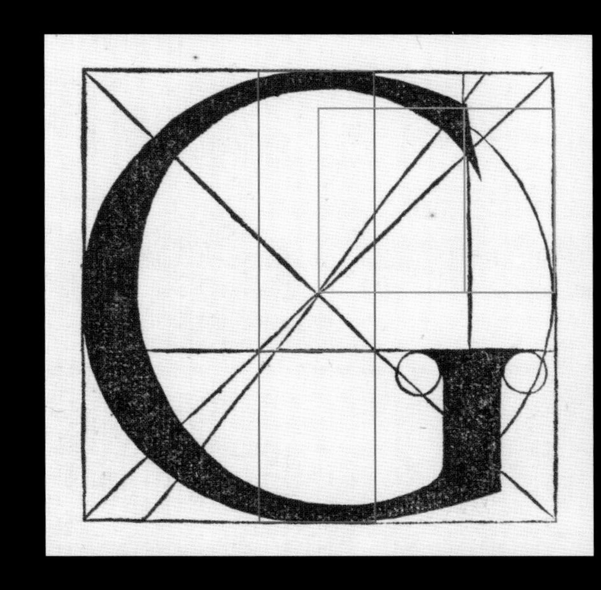

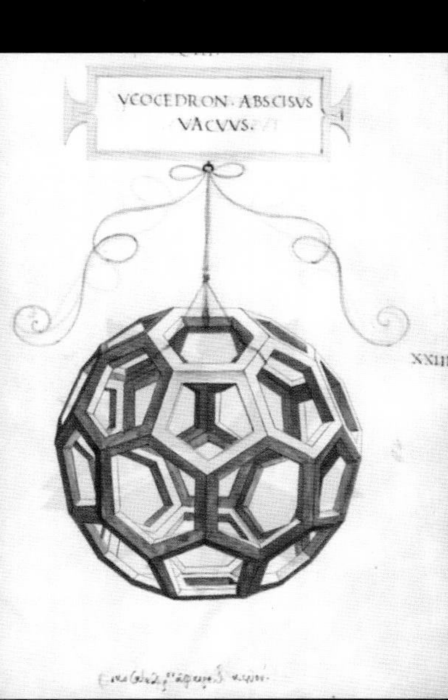

왼쪽 다빈치는 자신의 책 속에 파치올리의 다면체들을 전부 그려 넣었는데, 그중에는 12면체(왼쪽)와 아르키메데스의 깎은 정20면면체(오른쪽)도 포함돼 있다.

위 파치올리의 G는 너무도 분명한 황금비를 보여준다.

피에로 델라 프란체스카

수학자 루카 파치올리의 저서 『신성한 비율』 3권은 라틴어로 쓰인 피에로 델라 프란체스카(1415~1492년)의 『다섯 가지 정다면체들에 대한 단편』의 이탈리아어판 번역서였다. 피에로 델라 프란체스카는 당대에 주로 수학자와 기하학자로 알려졌지만 지금은 주로 화가로서의 작품들로 인정받고 있다.

피에로는 말년에 『그림의 원근법에 대해』라는 책도 썼는데 그가 원근법과 비율에 대해 얼마나 깊은 지식을 갖고 있었는지는 그의 초기 작품들을 보면 금방 알 수 있다. 예를 들어 현존하는 그의 작품들 가운데 가장 초창기 작품인 〈예수의 세례〉(1448~1450년경)를 보면 예수가 정확히 캔버스 가장자리들 사이와 또 두 나무 사이에 생겨난 두 황금비 사이에 위치해 있다는 걸 알 수 있다.

〈채찍질 당하는 예수〉(65쪽 참조)는 1455년부터 1460년 사이에 그려진 걸로 추정되는데 이 그림은 가로, 세로 길이가 81센티미터, 58센티미터밖에 안 되는 패널에 그려진 복잡한 구도로 유명하다. 영국의 미술사가인 케네스 클라크는 이 작품을 '세상에서 가장 위대한 작은 그림'이라 부르기도 했다.[3] 황금비를 찾아주는 소프트웨어인 파이매트릭스를 사용할 경우 피에로가 그림 왼쪽 방에 황금비를 적용하고 있다는 걸 금방 알 수 있다. 그러니까 바닥 타일이 바뀌는 데서부터 재든 입구의 기둥들에서부터 재든, 그 방 안에서 예수는 황금비 분할 지점에 위치해 있다는 걸 알 수 있다. 게다가 건물의 건축학적 특징들 역시 황금비 격자선(녹색)과 맞아떨어진다.

황금비를 보여주는 피에로의 또 다른 그림은 1445년부터 1462년 사이에 완성된 〈은총의 성모 마리아-자비의 폴립티크〉(64쪽 참조. 폴립티크는 병풍처럼 몇 개의 널빤지를 연결해서 만든 작품 – 옮긴이)이다. 이 그림에서 우리는 왕관을 쓴 마리아가 두 팔을 활짝 벌린 채 서 있는 걸 볼 수 있다. 머리부터 발끝까지의 황금비 분할 지점에 해당하는 마리아의 허리 부분에는 허리띠가 둘러져 있다. 그런데 또 그 허리띠의 너비는 쭉 뻗은 두 손 사이의 길이에 대해 황금비가 된다.

그림을 좀 더 자세히 들여다보면 피에로가 황금비를 두 번 더, 그러니까 허리띠의 늘어진 장식을 수평으로 봤을 때 매듭 부분에서 한 번, 그리고 수직으로 봤을 때 매듭에서 늘어진 서로 다른 장식 줄들의 길이에서 또 한 번 적용했음을 알 수 있다.

지금 우리는 루카 파치올리의 『신성한 비율』이 발간되기 60년 전에 이미 르네상스 시대의 화가들이 그림 안에서 시각적 조화를 만들어내기 위해 황금비를 활용했다는 증거를 보고 있다. 그러니 종교 미술에서는 오죽했겠는가. 아마 화가들이 자신의 작품 속에 영원하고 신성한 기운을 불어넣는 수단으로 황금비를 사용했을 가능성이 높을 것이다.

<예수의 세례>, 1449년경

황금비가 적용됐다는 사실이 가장 잘 드러나 보이는 작품들 중 하나는 아마 다빈치가 1494년부터 1498년 사이에 그린 〈최후의 만찬〉일 것이다. 이 그림은 다양한 디자인들과 건축학적 특징들을 통해 아주 정확한 황금비를 보여주고 있다. 예를 들어 식탁 꼭대기와 천장 사이의 공간을 잘 보면 예수의 머리가 그 중심에 자리 잡고 있으며, 창문들의 꼭대기 부분이 황금비 분할 지점에 해당한다는 걸 알 수 있다. 또한 그림 위쪽 방패들의 너비는 원호들 전체 너비의 황금비 분할 지점에 해당하며, 중앙 방패 안에 있는 줄무늬들은 방패 전체 너비의 황금비 분할 지점에 해당한다. 탁자 주변에 앉아 있는 제자들이 예수와 황금비를 이루는 지점에 위치해 있다고 주장하는 사람들도 있다.

아래 <최후의 만찬>, 1494-1498년

다빈치의 유명한 작품들 가운데 또 하나는 1490년경에 탄생한 그림으로, 공식 작품명은 〈비트루비우스에 따른 인간 몸의 비례〉이다. 제목에서 미루어 짐작할 수 있겠지만 고대 로마 건축가이자 군 엔지니어였던 비트루비우스(기원전 75-15년경)가 주장한 이상적인 인체 비율을 토대로 그려진 작품이다. 자신의 저서 『건축서』 2권에서 비트루비우스는 인체를 건축물 비율의 주요 원천으로 삼았으며, 다음과 같이 8등신을 이상적인 인체의 비율로 보았다.

"배꼽은 자연스레
인체의 중심에 자리 잡고 있어
사람이 얼굴을 위로 향하고
두 손과 발을 쭉 편 채 누워 배꼽을 중심으로 원을 그리면
그 원이 손가락들, 발가락들과 맞닿게 된다.
인체는 이처럼 원으로만 둘러싸이는 게 아니라
정사각형으로도 둘러싸인다.
머리끝부터 발끝까지의 길이를 재보고
그런 다음 다시 두 팔을 쭉 펴 그 길이를 재보면
전자와 후자의 길이가 같다는 걸 알게 된다.
이처럼 직각을 이루는 선들로 인체를 둘러싸면
정사각형이 그려진다."[4)]

격자선들을 겹쳐놓은 오른쪽 다빈치의 인체 삽화에서 보듯 비트루비우스는 인체 전체를 사람 키의 정수 분수 단위로 측정했다.

오른쪽 삽화에서는 상하로 사람의 키가 4등분, 6등분되어 있고 수평으로는 8등분, 10등분되어 있다. 삽화를 보면 알겠지만 격자선들은 수직으로 쇄골, 유두, 성기, 무릎에 맞춰져 있고 수평으로는 손목, 팔꿈치, 어깨에 맞춰져 있다.

맞은편 <비트루비우스적 인간>, 1490년경

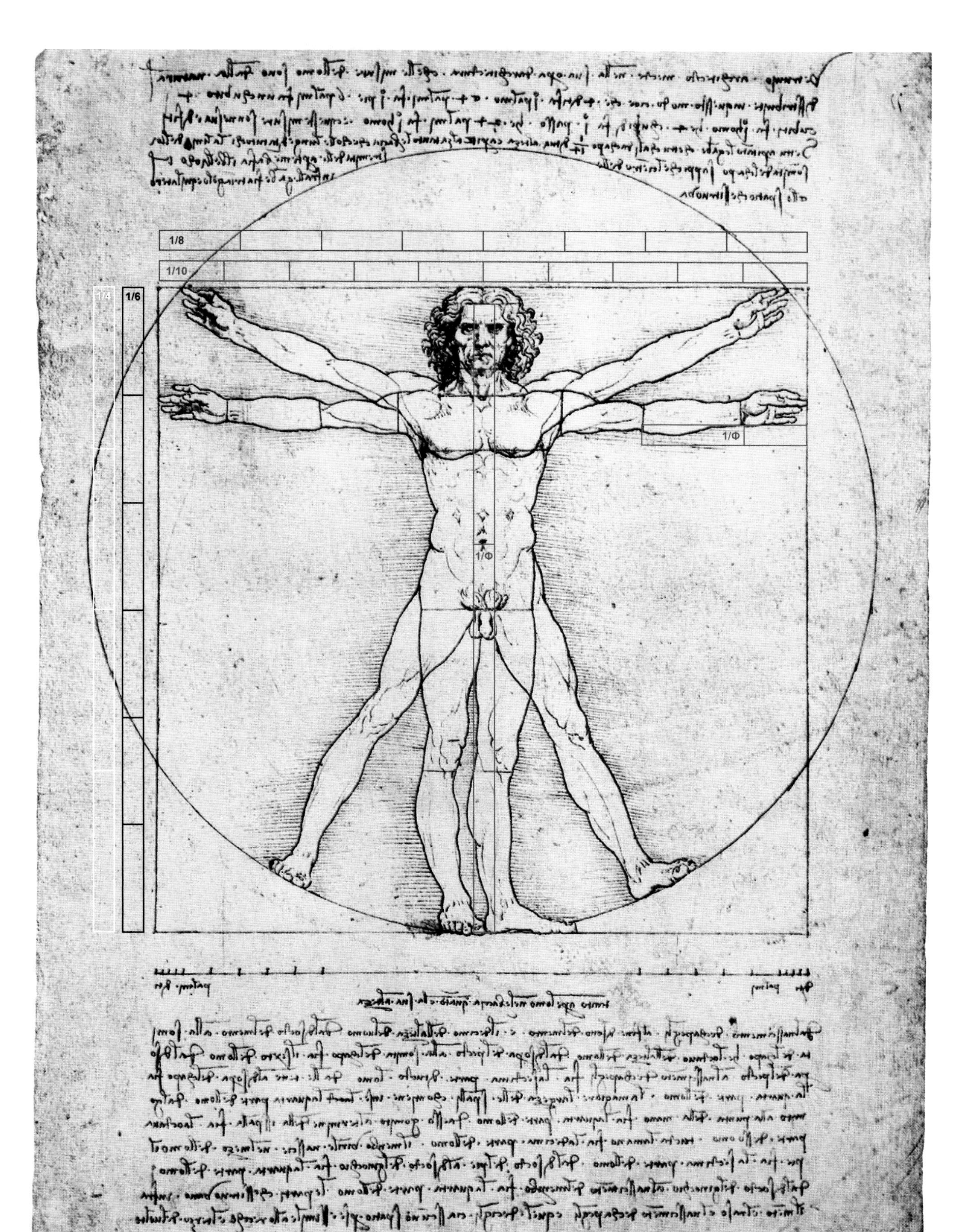
1/8
1/10
1/4
1/6
1/Φ
1/Φ

그러나 비트루비우스적 인간은 황금비와 관련된 치수들을 갖고 있다. 이마 꼭대기부터 발바닥에 이르는 거리에서 다음과 같은 곳들에 황금비 분할 지점들이 자리한 것이다.

- 배꼽(전체 키에서 황금비와 관련된 경우가 가장 많음)
- 유두
- 쇄골

팔꿈치에서 손가락 끝까지의 거리에서 황금비 분할 지점은 손목부터 시작된다.

2011년 잃어버렸던 레오나르도 다빈치의 그림을 되찾았다는 발표가 있었다. 〈구세주〉라는 제목이 붙은 이 그림은 1649년까지 영국 왕 찰스 1세의 소장품 중 하나였다. 1763년에 경매로 팔렸으며, 그 이후 여러 해 동안 행방불명 상태가 됐다. 역사학자이자 미술품 중개인인 로버트 사이먼이 이 작품을 찾는 일에 앞장섰으며, 이후 다이앤 드와이어 모데스티니에 의해 예전의 영광을 되찾았다. 〈구세주〉는 여러 면에서 독특한 특징들을 갖고 있었고, 그런 이유로 전문가들은 그게 현재까지 남아 있는 레오나르도 다빈치의 진품 16점 중 하나라는 걸 확신했다. 그 그림은 2017년 크리스티 경매에서 역사상 최고가인 4억 5,000만 달러에 사우디아라비아 왕자 바데르 빈 압둘라에게 팔려 당시 아부다비에 새로 문을 연 루브르 박물관 지점에 전시됐다.[5)]

인물을 담은 초상화들은 경치나 건축물을 담은 그림들에 비해 뚜렷한 선들이 적지만 이 그림은 전체적인 구도상 황금비를 보여주는 아주 흥미로운 특징들이 여럿 있다. 예를 들어 우선 그 핵심적인 요소들의 치수가 서로 황금비를 이루고 있다. 이 그림에서는 머리 길이에 나타난 황금 사각형을 시작으로 다음과 같은 황금비들을 볼 수 있다.

- 오른손의 치수가 너비의 황금비를 토대로 하고 있다.
- 왼손에 들려진 구의 치수가 높이의 황금비를 토대로 하고 있다.
- 수를 놓은 휘장의 치수가 높이와 너비의 황금비를 토대로 하고 있다.

좀 더 자세히 분석해보면 좌우 수평으로 봤을 때 캔버스와 비교해 눈의 바깥쪽에서, 목둘레선의 너비와 비교해 중앙 휘장의 너비에서, 휘장들과 비교해 보석들의 너비에서, 그리고 손과 비교해 손가락들의 위치에서 황금비가 보인다. 또한 상하 수직으로 봤을 때 목둘레선과 비교해 머리의 높이에서(〈모나리자〉의 경우에서처럼), 휘장들과 비교해 보석들의 높이에서, 손과 비교해 손가락들의 위치에서, 그리고 유리공에 비친 상들의 위치들에서 황금비가 보인다.

우리로서는 다빈치가 이 그림의 어느 부분에서 의도적으로 황금비를 적용했는지 정확히 알 길이 없다. 그러나 우리는 그가 이전에도 황금비를 널리 사용했으며, 파치올리와 함께 『신성한 비율』 삽화 작업을 한 그 몇 년 사이에 이 예수 그림을 그리기 시작했다는 사실을 안다. 다빈치는 이런 말을 한 적도 있다.

맞은편 <구세주>, 1500년경, 역사상 가장 비싸게 팔린 그림

캔버스 치수들은 사실 제멋대로가 아니라 정확히 당시의 10피트 너비에 맞춰졌던 것이다. 따라서 보티첼리가 이 위대한 예술 작품에 의도적으로 완벽한 황금비를 적용하려 했다는 결론을 내려도 전혀 무리는 아닐 것이다.

흥미로운 사실이지만 〈비너스의 탄생〉은 이탈리아 중부 토스카나 지역에서 캔버스에 그려진 최초의 작품이다. 이 혁명적인 작품은 보티첼리가 당시 자신을 후원해주었을 뿐 아니라 정치적·재정적으로 막강한 영향력을 휘두르고 있던 메디치 가문의 한 사람에게 결혼 기념 선물로 바친 것이었다. 예술에 기독교의 영향이 강하게 미쳐 누드화는 구경하기 힘들었던 시대에 의도적으로 부부의 침대 위에 이 그림을 올림으로써 관능적인 분위기를 연출한 것은 충격적인 일이 아닐 수 없었다. 이 그림은 당시 워낙 큰 논란을 불러일으켜 이후 50년간 비공개 상태로 보관됐다.

이 그림 역시 다음과 같이 몇 가지 중요한 요소들에서 정확한 황금비를 보이고 있다.

보티첼리는 1475년경에 그린 자신의 그림 <동방 박사의 경배>에 이 자화상을 집어넣었다.

- 그림의 왼쪽 끝에서 오른쪽 끝까지 사이에 수직으로 형성된 황금비 선이 정확히 비너스의 시녀 호라의 엄지손가락 부분과 맞아떨어진다. 그녀는 그림의 황금비 분할 지점을 쥐고 있음으로써 신성한 존재로 격상되고 있는지도 모른다.
- 그림의 왼쪽 끝에서 오른쪽 끝까지 사이에 수직으로 형성된 황금비 선이 수평선상의 육지가 바다와 만나는 지점과 맞아떨어진다.
- 그림의 맨 위에서 맨 아래까지 사이에 수평으로 형성된 황금비 선이 정확히 조개껍데기 꼭대기와 맞아떨어진다.
- 그림의 맨 위에서 맨 아래까지 사이에 수평으로 형성된 황금비 선이 그림 왼쪽 부분에서 거의 정확히 수평선과 맞아떨어지며, 또 바로 비너스의 배꼽 부분을 지난다.

게다가 비너스 자신만 놓고 보면 그녀의 배꼽이 그녀 몸 상하의 황금비 분할 지점에 위치해 있다. 그건 그녀의 머리카락 끝에서부터 왼쪽 발바닥까지 재든, 이마 꼭대기의 머리카락에서부터 오른쪽 발바닥까지 재든, 두 발 중심에서부터 머리 꼭대기 머리카락 뒷부분까지 재든 마찬가지이다.

보티첼리는 1485년부터 1490년 사이에 성모 마리아의 수태를 알리는 수태 고지와 관련된 많은 그림을 그렸다. 신적인 것과 인간적인 것의 만남을 포착한 이 그림들이야말로 신적인 비율, 즉 황금비를 적용할 절호의 기회였던 것이다. 황금비 격자선들은 순전히 캔버스의 높이와 너비에 기초한 것이어서 배치에 대한 창의적인 해석은 전혀 필요치 않다는 걸 잊지 마라.

<수태 고지>, 1489년

맞은편 보티첼리가 그린 이 수태 고지 버전은 현재 러시아 푸시킨 미술관에 소장되어 있다.

그다음 페이지 상단 르네상스의 탄생지인 플로렌스의 근래 전경

그다음 페이지 하단 대략 1488년부터 1490년 사이에 그려진 수태 고지 작품. 보티첼리의 <성 마가의 제단화> 중에서

라파엘로 산치오

라파엘로가 그린 자화상, 1504-1506년경

라파엘이라고도 불리는 라파엘로 산치오 다 우르비노는 1483년부터 1520년까지 살았던 전성기 르네상스 시대의 이탈리아 화가 겸 건축가였다. 그는 미켈란젤로, 레오나르도 다빈치와 함께 그 시대 3대 거장 중 한 사람으로 꼽힌다. 〈아테네 학당〉은 그의 유명한 작품들 중 하나로, 바티칸 사도 궁전 내에 있는 프레스코화이다. 이 그림은 르네상스의 혼이 담긴 걸작으로 많은 찬사를 받고 있다. 이 작품은 파치올리가 『신성한 비율』을 출간한 해인 1509년에 작업이 시작돼 2년 후에 끝났다.

'라파엘로가 정말 〈아테네 학당〉의 구도에 황금비를 적용했을까?' 하는 의문이 든다면 그 의문은 그림 앞쪽 중앙에 위치한 황금 사각형을 보는 순간 사라질 것이다. 마치 라파엘로가 그런 의문이 제기되기 전에 알아서 미리 작지만 부인할 수 없는 답을 내놓은 듯하다. 이 조그만 직사각형은 너비×높이가 46×28센티미터이다.

이 그림만큼 황금비들이 뚜렷하게 드러나는 그림도 별로 없다. 이 그림 안에는 수천 개의 복잡한 선들이 자리 잡고 있으며, 그래서 이 그림 안에서 의도된 황금비든 그렇지 않은 황금비든 황금비를 찾아내는 건 패턴 인식을 위한 간단한 연습이 될 거라고 말하는 사람들도 있을 정도이다. 그 말이 잘 믿어지지 않을 경우 확인해볼 수 있는 방법은 두 가지가 있다.

1. 파이매트릭스 소프트웨어 프로그램에서 '선 비율' 옵션을 황금비 외의 다른 비율로 설정한 뒤 황금비 비율로 설정했을 때만큼 일관된 결과를 많이 얻을 수 있는지 확인해보라.
2. 구도 자체의 중요한 요소들을 집중적으로 살펴보라. 그래서 예를 들어 그림의 너비와 높이에 나타나는 간단한 황금비들이 가장 가까운 아치, 계단 꼭대기, 가장 먼 아치 꼭대기의 위치와 일치한다는 걸 확인해보라.

그림에서 보듯 다른 황금비들은 구도의 다른 중요한 요소들과 일치하고 있다. 결국 이 그림에서 라파엘로가 황금비를 복잡하게 적용하고 있다는 건 너무도 명백하다. 라파엘로가 이 그림에서 황금비를 어떻게 활용했는지 자세히 알아보고 싶다면 맞은편에 있는 그림을 자세히 살펴보라.

- 각 직사각형은 그림의 왼쪽 기둥 왼쪽 면에서 시작된다. 이 점이 이 프레스코화의 아치형 입구를 통해 볼 때 실제 학당 건물의 첫 건축학적 기준점이 된다.
- 각 직사각형은 확장되어 그림의 오른쪽 면에 있는 유명한 구조 특징까지 늘어난다.
- 각 분리선은 구조의 다른 유명한 특징 내에 형성되는 황금비를 보여준다.

라파엘로, <아테네 학당>, 1509-1511년

미켈란젤로

전성기 르네상스 시대의 또 다른 위대한 거장 미켈란젤로(1475년 미켈란젤로 디 로도비코 부오나로티 시모니란 이름으로 태어남)가 그린 그림들은 르네상스 미술에 황금비가 얼마나 널리 적용됐는지를 보여주는 또 다른 좋은 예들이다. 시스티나 성당의 미술 작품들을 꼼꼼히 분석해본 결과, 구도의 중요한 요소들에 나타난 황금비의 예들이 족히 수십 가지는 됐다.

그중 가장 놀랍고 극적인 예는 아마 미켈란젤로의 대표적인 작품 〈아담의 창조〉에서 아담의 손가락이 조물주의 손가락과 맞닿는 지점과 황금비의 지점이 맞아떨어지고 있다는 것일 것이다. 이는 수평적으로 볼 때든 수직적으로 볼 때든 마찬가지이다.

오른쪽 이탈리아 화가 다니엘레 다 볼테라가 그린 미켈란젤로, 1544년경

아래 1508년에 시작해 1512년에 완성된 시스티나 성당 천장을 장식하고 있는 미켈란젤로의 작품들

<아담의 창조>

미켈란젤로는 시스티나 성당에 있는 다른 그림들에서도 이처럼 등장인물들의 손이 황금비 분할 지점과 맞아떨어지게 그렸다. 맞은편 하단 그림에 있는 격자선들은 각 그림의 높이 및 너비의 황금비를 보여준다. 일부 그림들의 경우 손들이 마치 황금비 분할 지점을 쥐고 있는 듯한 위치에 놓여 있는데, 이는 신적인 것을 손에 쥐려는 인간의 욕망을 시각화한 것으로 볼 수도 있다.

<아담과 이브의 유혹과 추방>

<이브의 탄생>

<바다와 땅의 분리>

<술에 취한 노아>

시스티나 성당 중앙 천장에 성경 이야기를 주제로 그린 9편의 그림들 중 마지막 그림의 주제는 노아의 치욕이다. 이 그림 자체가 2퍼센트 이내의 미세한 차이로 황금 사각형 비율에 해당한다. 이 그림에서 노아의 두 아들의 손가락들은 그림의 양 측면에서 봤을 때 정확히 황금비 선을 가리키고 있다. 이는 마치 이 그림을 보는 사람에게 노아의 두 아들이 정확히 어디를 가리키고 있는지를 보여줌으로써 미켈란젤로가 이 그림에 황금비를 적용했다는 걸 알려주려는 듯하다.

시스티나 성당의 이 아치형 공간에는 구약성서 룻기에 나오는 살몬, 보아즈, 오베드란 이름이 걸려 있다. 이 프레스코화에서는 룻이 아기 오베드를 안고 있다.

로마 가톨릭 교회의 본산인 바티칸 시국의 현재 모습. 중앙에 있는 것이 성 베드로 대성당이다.

만일 미켈란젤로가 이 장대한 그림들에서 황금비를 사용했다는 걸 그래도 믿기 어렵다면 시스티나 성당 측면 벽들에 있는 예수 조상들의 이름이 열거된 명판들을 보라. 그 명판들의 높이 대 너비 비율은 거의 정확하게 황금 사각형 비율이다. 모든 그림들의 높이 대 너비 평균 비율이 1.62로, 실제 황금비 1.618과 비교해 1/1,000 이내의 오차인 것이다.

미켈란젤로의 뛰어난 그림들은 1508년부터 1512년 사이에 교황 율리오 2세와 그 후임 교황들을 위해 그려졌다. 이 그림들이 갖고 있는 종교적 중요성을 감안한다면 미켈란젤로가 황금비를 널리 사용해 성경을 토대로 한 수학적 조화와 시각적 조화를 꾀했다는 건 전혀 놀라운 일이 아니다. 지금 와서 보건대 그를 비롯한 르네상스 시대의 거장들이 자신의 작품에 황금비를 사용하지 않았다면 오히려 그게 훨씬 더 놀라운 일이었을지도 모른다.

IV

황금 건축과 디자인

"어떤 사람들은 내 그림들에서
시가 보인다고 하지만
내 눈에는 과학만 보인다."[1)]

– 조르주 쇠라

당신이 보고 듣는 모든 게 수학적으로 또 기하학적으로 표현될 수 있다. 지평선 위 소실점(그림 등에서 투시해 물체의 연장선을 그었을 때 선과 선이 만나는 점 – 옮긴이)에 모이는 도시 정경의 파향선들 안에 수학이 있다. 수학은 당신의 컴퓨터 모니터상에서 모든 이미지를 구현하는 1,677만 7,216개의 독특한 색 조합을 만들어내는 각 픽셀의 빨강, 초록, 파랑 256개 값 안에서도 볼 수 있다.[2] 모든 노래의 모든 아름다운 순간들 역시 수학적으로 규정된 진동과 진폭들의 조합으로 표현될 수 있다.

이제껏 살펴봤듯 예술가와 철학자들이 발견해낸 황금비는 그 독특한 여러 특성들이 갖고 있는 매력 덕에 예술 분야에서 널리 적용되어왔다. 황금비가 언제 어디서 제일 먼저 생겨났는지는 알 수 없으나 고대 이집트인들이 이미 이 황금비에 뭔가 특별한 게 있다는 걸 알고 있었다는 증거들이 있다.

Φ와 π 그리고 기자의 피라미드들

오늘날의 카이로에서 남쪽으로 약 16킬로미터, 그리고 나일 강에서 서쪽으로 8킬로미터 떨어진 곳에 위치한 기자의 피라미드들은 4,000년 넘는 시간 동안 인류의 마음속에 우뚝 서 있었다. 현재 기자에는 거대한 피라미드형 장제전(고대 이집트 파라오들의 영혼을 모시던 신전 - 옮긴이) 3기가 사막 위에 우뚝 선 채 번영했던 이집트 4대 왕조의 세 파라오, 즉 쿠푸와 그의 아들 카프레 그리고 그의 손자 멘카우레를 기리고 있다. 카프레의 얼굴을 본떠 만든 그 유명한 대스핑크스는 카프레의 피라미드에서 동쪽으로 약 500미터 되는 곳에 서 있다. 기술이 발달한 오늘날에도 고고학자들은 무게가 2톤이나 되는 석회암 블록 수천 개를 쌓아 올려 이 거대하고 정교한 건축물들을 만든 고대 이집트인들의 믿기 어려운 기술과 노동력에 놀라움을 금치 못하고 있다.

대피라미드

'쿠푸의 피라미드' 또는 '키오프스의 피라미드'라고도 불리는 기자의 대피라미드는 고대 세계의 7대 불가사의 중 가장 오래된 것이다. 또한 거의 손상되지 않은 채 보존되어 있는 유일한 7대 불가사의이기도 하다. 대피라미드의 디자인에 사용된 기하학적 원칙들에 대해서는 여전히 많은 논란이 있다. 기원전 2560년경에 건설된 걸로 짐작되는 대피라미드는 이제 매끄럽고 평평했던 외피는 다 사라지고 울퉁불퉁한 내부 구조물만 남아 있다. 따라서 원래의 치수를 정확히 알기란 쉽지 않다. 그러나 다행히 피라미드 꼭대기에는 아직 외피가 남아 있어 고고학자들이 정밀 분석을 하는 데 도움을 주고 있다.

5,000년의 역사를 간직한 대피라미드들이 이집트에서 세 번째로 큰 도시인 기자의 외곽 지역 사막 위에 우뚝 서 있다.

아래 그림에서는 19세기 말 기자의 대피라미드 주변에서 쉬고 있는 유목민 베두인족의 모습을 찾아볼 수 있다.

대피라미드 구조에 상당히 정확한 원주율과 황금비가 적용됐다는 사실에는 논란의 여지가 거의 없다. 유일한 논란거리라면 고대 이집트인들이 과연 원주율과 황금비라는 개념을 정확히 알고 설계 단계부터 의도적으로 적용했느냐 하는 것. 그렇다면 대피라미드에는 원주율과 황금비라는 개념이 어떤 식으로 나타나 있을까? 다양한 측정과 관찰을 토대로 몇 가지 가능성들을 살펴보기로 하자.

위 샤르트르 성당의 남쪽 트랜셉트 창문 비율에 대해 쓴 이 논문을 보면 이 성당의 경우 설계 당시부터 황금비가 적용된 게 분명해보인다.

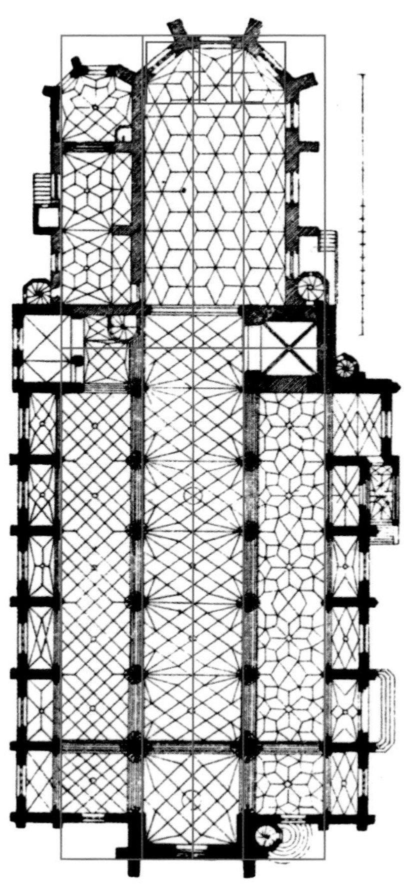

오른쪽 독일 슈투트가르트에서 1240년에 시작해 1547년까지 거의 300년이 넘는 기간 동안 지어진 대성당의 평면도. 19세기 말에 나온 평면도를 보면 이 성당이 황금비를 토대로 지어졌다는 사실을 알 수 있다.

맨 오른쪽 고딕-로마네스크 양식으로 지어진 독일 헤센 주 림부르크 성당의 서쪽 파사드

1296년 이탈리아 플로렌스 지역에서 누구든 한눈에 알아볼 수 있는 세계에서 가장 유명한 또 다른 놀라운 건물인 산타 마리아 델 피오레 성당의 공사가 시작됐다. 토스카나 지역의 조각가 아르놀포 디 캄비오는 성당 중앙의 넓은 신도석 3개와 팔각형 돔이 돋보이는 아주 독특하고 매력적인 디자인을 내놓았다. 그의 사후에도 공사는 다른 건축가들에 의해 계속 이어졌는데 그 건축가들 중 한 사람인 프란체스코 탈렌티는 신도석 길이를 늘려 이 성당은 1350년대 당시 유럽에서 가장 큰 성당이 됐다. 그는 또 1359년 성당 중앙 출입구 근처에 높이가 거의 91미터에 달하는 종탑을 완공했다.[14)]

이 성당의 유명한 돔은 가장 마지막에 만들어진 구조물들 중 하나였다. 1418년 당시 막강한 영향력을 행사하던 메디치 가문은 돔 디자인 경연대회를 선포했고, 금세공 분야의 장인인 필리포 브루넬레스키가 돔 제작자로 최종 선정됐다. 이 돔은 1436년에 마침내 완공됐다. 건축 기술의 개가인 이 돔은 건물 바닥으로부터 52미터 높이에서 시작돼 44미터 위로 더 올라가 꼭대기의 랜턴까지 포함하면 높이가 총 114.5미터에 달했다.[15)] 이 돔은 목재 버팀목들로 버티기엔 너무 크고 높아 브루넬레스키는 400만 개 이상의 벽돌을 사용하는 등 독창적인 건축 기법들을 고안해내야 했다. 그 모든 노력 덕분에 이 돔은 현재까지도 세계 최대의 벽돌 돔으로 손꼽히고 있다. 그리고 비록 충분치는 않지만 이 웅대한 건축물 역시 황금비들을 구현하고 있다.

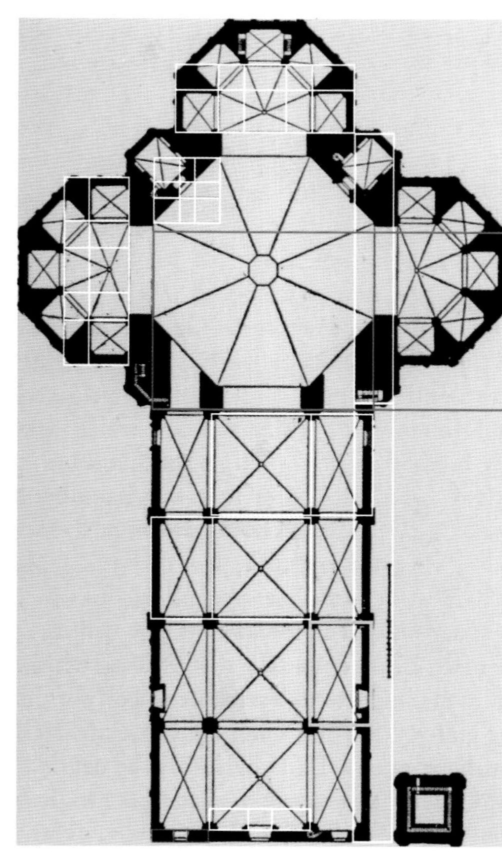

맨 왼쪽 브루넬레스키의 유명한 팔각형 돔은 기계공학의 걸작으로 꼽히며 황금비들도 보여주고 있다.

왼쪽 이 성당의 최종 평면도를 보면 많은 요소들에서 황금비가 드러난다.

다음 페이지 플로렌스의 웅대한 산타 마리아 델 피오레 성당은 많은 건축학적 요소들에 황금비가 반영되어 있다.

타지마할

타지마할은 그리스에서 6,437킬로미터쯤 떨어진 곳에 위치해 있다. 무굴 제국의 황제 샤 자한은 1631년 사랑하는 아내 뭄타즈 마할이 출산 도중 세상을 떠나자 그녀의 무덤으로 쓸 기념비적인 건축물을 지을 것을 지시했다. 아름다운 묘는 12년이 채 안 돼 거의 다 지어졌으나 다른 공사들이 마무리되기까지는 이후 10년이 더 걸렸다.

인도 우다이푸에서 발견된 이 미니어처 초상화들에는 뭄타즈 마할(아르주만드 바누 베감에서 출생, 1593-1631년)과 그의 남편 샤 자한(1592-1666년)의 모습이 담겨 있다. 이 초상화들은 무늬가 새겨진 준보석들을 이용해 낙타 뼈 위에 그려져 있다.

인도 북부 아그라에 위치해 있는 타지마할은 현존하는 가장 아름다운 건축물들 중 하나로 여겨지고 있다. 전체 공사는 페르시아 건축가 우스타드 아흐메드 라호리가 지휘했으며, 그 과정에서 약 2만 명의 장인들이 동원됐다. 황금비가 이 건축물 디자인의 토대가 됐다는 증거는 중앙 아치의 너비와 건물 전체 너비의 관계에서 찾아볼 수 있다.

황금비는 중앙 아치를 둘러싼 직사각형 틀의 중심에 자리 잡은 아치형 창문들의 너비와 위치에서도 찾아볼 수 있다. 그 외에도 황금비는 중앙 구조물의 높이 및 너비와 양쪽 탑들의 높이 및 너비 간의 관계 등 건축물 곳곳에서 나타난다.

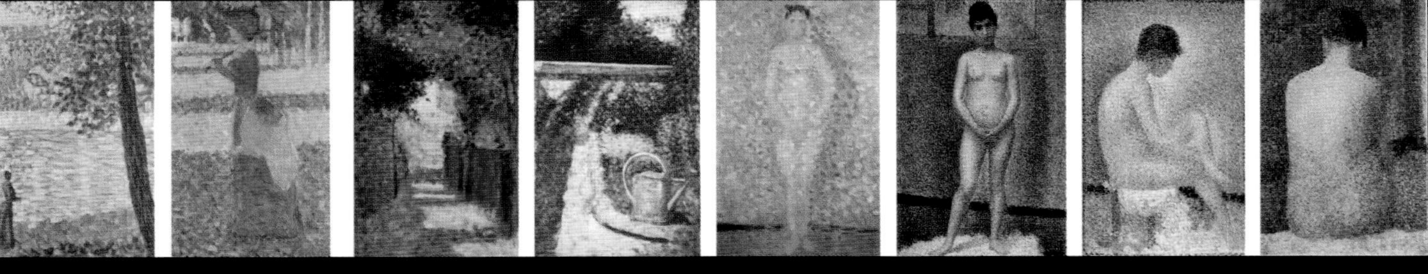

맞은편 위 <괭이를 든 농부>, 1882년경

맞은편 아래 <인부들>, 1883년경

왼쪽 <양산을 쓴 여인>, 1884년, 이 작품은 거의 황금비에 가까운 캔버스에 황금비 구도가 적용된 여러 인물화들 중 하나이다.

<코르보브와 다리>, 1886-1887년

863
534
330
204

"르코르뷔지에는 조화와 비율의 시스템을
자기 디자인 철학의 중심에 두고 있으며,
우주의 수학적 질서에 대한 그의 믿음은
황금비와 피보나치 수열에 뿌리를 두고 있다.
그는 이렇게 말한다.
'황금비와 피보나치 수열은 서로 간의 관계에서
명확히 드러나고 눈에 훤히 보이는 일종의 리듬이다.
그 리듬은 모든 인간 활동의 토대가 된다.
또한 그 리듬은 유기적 필연성에 의해,
그러니까 아이와 노인과 현자와 학자들이
황금비에서 찾아내는
바로 그 아름다운 필연성에 의해
인간의 마음속에 울림을 준다.'"[19)]

유엔 본부 프로젝트를 진행하면서 르코르뷔지에는 유엔 사무국 사무실들이 전부 다 들어가는 높다란 본관 건물을 생각했다. 프로젝트 23A라고 알려졌던 이 본관 건물은 황금 사각형 3개를 아래위로 쌓아올린 구조였다. 한편 니마이어 프로젝트 32는 황금 사각형들로 이루어진 높고 약간 더 넓은 중앙 건물 구조였다. 최종 디자인에는 결국 니마이어와 르코르뷔지에의 계획이 고루 섞이게 됐지만 디자인의 핵심은 황금 사각형 3개를 아래위로 쌓은 구조였다.

얼핏 보기에 유엔 본부는 건물 파사드에 눈에 띄는 4개의 띠가 둘러져 있어 39층 거의 모두가 똑같은 직사각형 3개로 나뉜 것처럼 보이지만 좀 더 자세히 들여다보면 수치들이 조금씩 다르다는 걸 알 수 있다. 첫 번째 직사각형은 9층 높이지만 2번째와 3번째 직사각형은 각각 11층, 10층 높이이다. 또한 건물 너비는 87미터로 일정하지만 건물 높이는 사람이 건물 앞쪽 거리에서 뒤쪽 물가 쪽으로 자리를 옮기면 154미터에서 168미터로 달라진다.[20)]

르코르뷔지에의 유엔 사무국 빌딩이 뉴욕 시의 이스트 강을 내려다보며 서 있다.

만일 유엔 본부 건물이 니마이어의 말처럼 완벽한 황금 사각형 구조를 띠고 있다면 이 건물은 높이가 141미터밖에 안 되는데 이는 실제 사용 중인 건물 높이와 비교해 겨우 0.5퍼센트 오차 범위 이내이다. 그러나 너비가 87미터인 황금 사각형 3개가 위아래로 겹쳐진 건물이라면 162미터 높이가 된다. 실제로 이 건물의 평균 높이는 160.7미터로 황금 사각형 3개가 겹쳐진 것과 비교해 그 오차가 0.9퍼센트도 안 된다. 이는 작은 차이지만 그건 이 건물의 거리 쪽과 강 쪽의 땅 높이가 고르지 않다는 것 외에 다음과 같은 이유들 때문이다.

- 황금비는 정수로 표현될 수 없는 무리수지만 건축가들은 층과 창문의 수 같은 정수들을 토대로 작업해야 하므로 현실적 제약이 많다.
- 건식 벽체와 건물 프레임 요소 등 건축 자재들의 표준 규격은 다양한 건물 규격들에 따를 수밖에 없다.
- 높이가 152미터나 되는 고층 건물을 건설하려면 순수한 예술적 디자인 요소들보다 더 우선시해야 하는 공학적 제약들이 많다.

어쨌든 르코르뷔지에의 모듈러 디자인 시스템에 따라 이 유엔 본부 건물에 격자선들을 적용할 경우, 그러니까 각 치수의 높이에 1.618을 곱할 경우 맞은편 사진에서와 같은 흥미로운 패턴이 나타나게 된다. 또한 황금 격자선들을 적용해도 이 건물의 여러 핵심적인 높이들에 황금비 관계가 나타나게 된다. 결국 어떤 접근법을 쓰든 전반적인 건물 디자인에서 황금비가 나타나게 되는 것이다.

이런 디자인 원칙들은 유엔 본부 건물 내부에 들어가서도 계속 눈에 띄게 된다. 정문 현관 쪽에서는 다음과 같은 황금비들이 눈에 띌 것이다.

- 정문 현관의 양쪽 기둥들은 현관 중심에서 현관 가장자리까지의 거리에서 황금비 분할 지점에 놓여 있다.
- 중앙 현관 지역의 왼쪽, 오른쪽으로 들어가는 투명한 현관들은 황금 사각형들이다.
- 중앙 현관의 왼쪽, 오른쪽 측면의 문들은 황금 사각형들이다.
- 바닥에서 천장까지 난 중앙 창문들로 형성되는 직사각형들과 양쪽의 현관들은 황금비를 이루고 있다.

건물 정면 외곽에 수평으로 난 띠들 안의 창문들에도 황금 사각형들이 몰려 있으며, 그 띠들은 2개의 황금비 분할 지점에서 나뉘어 그 중심들에서 창문들을 둘러싼다.

황금비에 대한 르코르뷔지에의 열정과 비전은 단순히 건물을 황금 사각형 모양으로 디자인하는 걸 훨씬 뛰어넘을 만큼 복잡했다. 그는 건물 디자인 과정에서 세세한 부분들에 대해서도 절대 소홀하지 않았으며, 그의 작품들이 갖고 있는 정교한 아름다움이 황금비들을 통해 보다 보기 쉽게 겉으로 드러날 뿐이다. 다빈치, 미켈란젤로, 라파엘로 같은 대가들의 작품이 보여주고 있듯, 그리고 파치올리가 자신의 저서에서 말한 것처럼 황금비는 '아주 섬세하고 경탄할 만한 가르침이며, 아주 비밀스런 과학'인 것이다. 어쨌든 이렇게 위대한 예술 및 디자인 걸작들에 황금비를 적용해 시각적인 조화를 만들어내는 일은 오늘날까지도 계속 이어지고 있다.

맞은편 컬러 격자선들이 유엔 사무국 빌딩 안에 자리 잡은 다양한 황금비들을 잘 보여주고 있다.

사진 잘라내기와 구도: 3등분의 법칙

당신이 사진에 관심이 많았다거나 스마트폰 또는 디지털 카메라에서 사진 구도를 잡아주는 격자선들을 사용해본 적이 있다면 아마 분명 '3등분의 법칙'을 접할 기회가 있었을 것이다. 존 토마스 스미스가 자신의 저서 『시골 풍경에 대한 언급들』(1797년)에서 3등분의 법칙을 그림 구도의 기초로 제안한 18세기 말에 이미 이 3등분의 법칙은 어떤 이미지를 수직 및 수평으로 3등분해 크기가 같은 9개 영역을 만드는 데 사용됐다. 수평선이나 사람들처럼 구도에서 중요한 요소들이 이 선들을 따라 또는 이 선들이 교차하는 지점들 부근에 놓이게 된다. 대부분의 화가나 사진작가들은 이렇게 하는 것이 단순히 피사체를 사진 중앙에 위치시키는 것보다 시각적으로 더 매력 있고 더 큰 관심을 끌게 된다고 믿고 있다.

3등분의 법칙은 이해하기도 쉽고 만들기도 쉽지만 그간 미술과 디자인 분야의 많은 걸작들에 활용된 황금비와 대략 비슷한 비율을 제공해줄 뿐이다. 3등분의 법칙은 1/3과 2/3(0.333과 0.667) 지점에서 분할되지만 황금비 격자선은 $1/\Phi^2$과 $1/\Phi$(0.382와 0.618) 지점에서 분할되기 때문이다. 황금비 격자선에 약간의 변화를 줄 경우 황금비 중의 황금비는 물론 황금 나선과 황금 사선 등 Φ의 다른 변형들이 나타난다.

3등분의 법칙과 황금비의 차이를 좀 더 자세히 알아보기 위해 다음 이미지들을 살펴보도록 하자. 왼쪽 이미지의 구도는 3등분의 법칙을 토대로 한 것이고, 오른쪽 이미지의 구도는 황금비를 토대로 한 것이다.

3등분의 법칙의 경우 물론 아주 유용하지만 예술적 표현이라는 측면에선 다소 한계가 있다. 반면에 황금비 격자선의 경우 단 한 가지 구도 안에서 얼마든지 창의적으로 크기를 조정할 수 있고 격자선 위치를 바꿔 다양한 변형을 만들 수도 있다. 지난 500년간 레오나르도 다빈치, 조르주 쇠라, 르코르뷔지에를 비롯한 많은 미술 및 디자인계 거장들이 자신들의 작품에 적용해온 시각적 조화 기법이 바로 이런 것들이었던 것이다.

3등분의 법칙

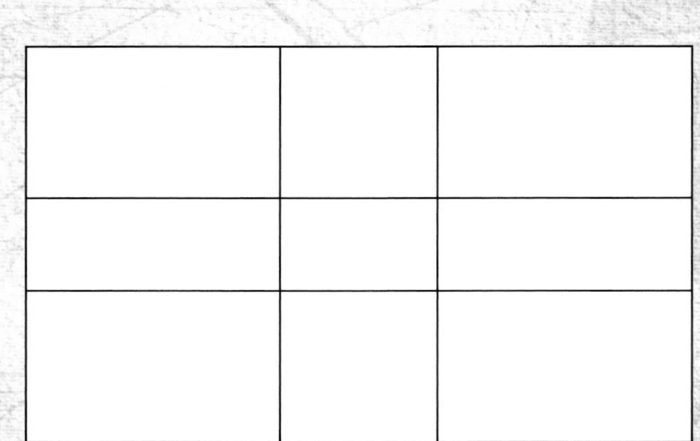

Φ 격자선

사선 파이매트릭스 격자선

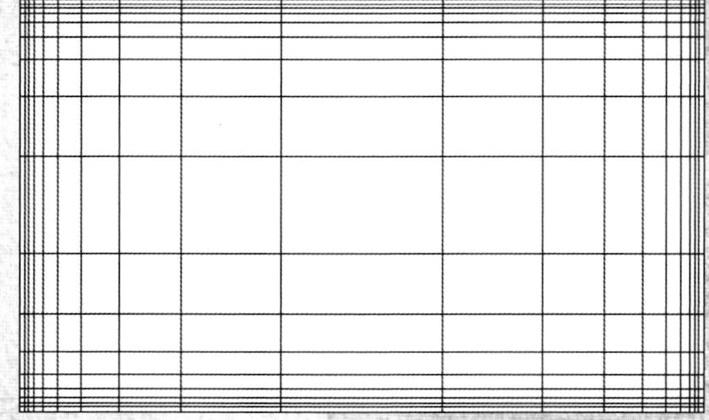

대칭 파이매트릭스 격자선

Φ에 바탕을 둔 이미지 잘라내기의 예

3등분의 법칙에 바탕을 둔 이미지 잘라내기의 예

로고와 제품 디자인

황금비는 그림, 건축, 그래픽 디자인 분야 외에 제품 디자인 분야에서도 널리 사용된다. 어떤 경우에는 제품의 성능을 향상시켜주기도 한다. 예를 들어 많은 현악기들이 황금비를 이루고 있다. 17세기와 18세기에 이탈리아 스트라디바리 가문에 의해 제작된 스트라디바리우스 바이올린들은 그 자체가 황금비를 이루고 있다. 뛰어난 소재와 구조, 음질로 유명한 이 바이올린들은 오늘날까지도 인기가 높아 경매에서 수백만 달러에 팔리고 있다.

또 어떤 경우 황금비는 스타일을 향상시키고 미적 매력을 높여주기도 한다. 기업들은 더 많은 잠재 고객들의 마음을 최대한 사로잡아야 한다는 걸 잘 알기 때문에 브랜딩과 로고 디자인에 엄청난 비용을 쏟아붓는다. 기업들은 강력한 브랜드 이미지를 지키기 위해 많은 노력을 기울이고 있으며, 따라서 이 책의 지면으로는 기업들의 로고 디자인에 들어 있는 황금비 사례를 일일이 다 열거할 수 없을 정도이다. 그러나 물론 대략적인 얘기는 해줄 수 있다.

구글은 2015년 로고와 폰트, 기타 브랜딩 상징들을 전부 재디자인해 발표함으로써 디자인 업계의 비상한 관심을 끌었는데, 황금비를 토대로 글자들의 치수와 여백을 정하는 일만은 별 변화 없이 일부만 개선했다. 예를 들어 자세히 살펴보면 대문자 **G** 및 소문자 **l**의 높이와 다른 소문자들(소문자 **g**의 아래쪽 꼬리만 제외)의 높이는 그 비율이 황금비를 이루며, 대문자 **G**와 소문자 **g**의 너비 관계 역시 황금비를 이룬다. 세계에서 방문객 수가 가장 많은 웹사이트이기도 한 구글 검색 홈페이지를 살펴보면 구글 로고 최상단부

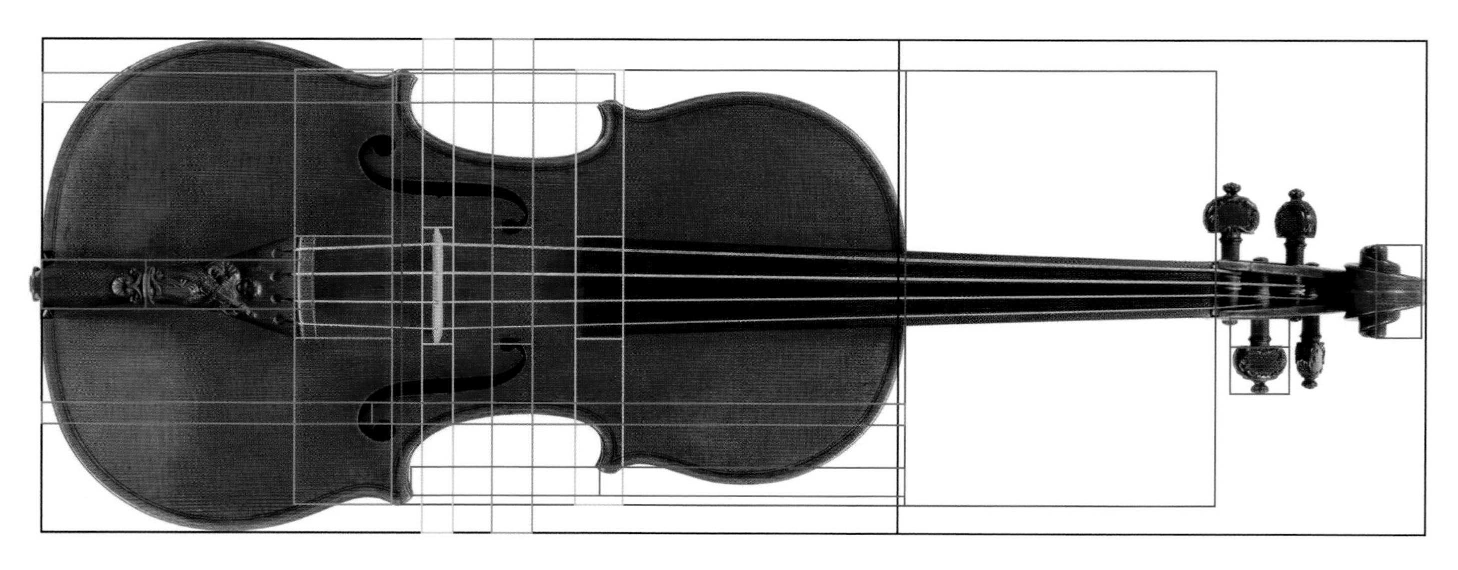

1721년 안토니오 스트라디바리에 의해 제작된 레이디 블런트 스트라디바리우스 바이올린 안에서 볼 수 있는 많은 황금비들. 이 바이올린은 2011년 한 경매에서 1,590만 달러라는 기록적인 가격에 팔렸다.

이 모델에서 137.5도는 '황금 각도'라고도 알려진 회전각이다. 왜 137.5일까? 원(360)을 황금비(1.618)로 나눠보자. 큰 원호의 각도는 222.5도가 되며, 나머지 작은 쪽 각도가 바로 137.5도가 된다.

황금 각도는 꽃망울을 둘러싼 꽃잎들의 배열 속에서도 관찰된다. 잎사귀와 줄기들 또한 이 황금 각도로 배열되어 받아들이는 빛의 양을 최적화할 수 있게 되며, 또 가장 효율적인 성장도 가능해지게 된다.

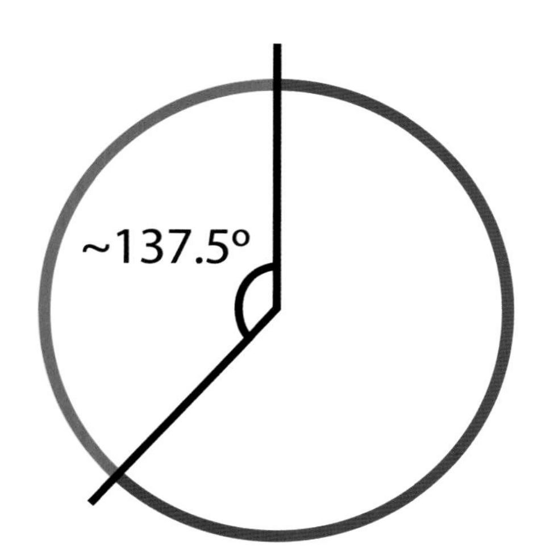

위쪽 해바라기 이미지 안에서 우리는 시계 방향의 나선 55개와 시계 반대 방향의 나선 34개의 배열을 볼 수 있다. 해바라기 중심 꼬투리를 기준으로 플로렛의 5개짜리 꽃잎들이 어떤 식으로 보이는지 살펴보라.

왼쪽 황금 각도

황금 각도는 다육식물 에케베리아(위)의 잎사귀 배열과 연꽃(아래)의 꽃잎 배열에도 나타난다.

5의 아름다움

앞서 1장과 2장에서 살펴보았듯이 5는 황금비의 기하학 및 계산에서 아주 특별한 수이다. 5는 편리하게도 피보나치 수열의 5번째 숫자일 뿐 아니라 면이 5개인 오각형 및 펜타그램(별 모양)은 Φ하고도 관계가 있다. 피타고라스학파의 사람들이 펜타그램을 자신들의 상징으로 채택하고, 플라톤이 플라톤의 5개 입체를 발견하고 나서 오랜 세월이 흐른 뒤 레오나르도 다빈치는 꽃잎이 5개인 제비꽃을 유심히 관찰했으며 그 밑에 깔린 오각형 구조에 주목했다. 사실 장미과에 속한 식물들을 비롯해 가장 흔하면서도 아름다운 식물과 꽃들 가운데 상당수가 이처럼 완벽한 황금 대칭 구조를 보여주고 있다.

아프리카 나선형 알로에에서 시계 반대 방향의 나선 5개가 확연히 눈에 띈다.

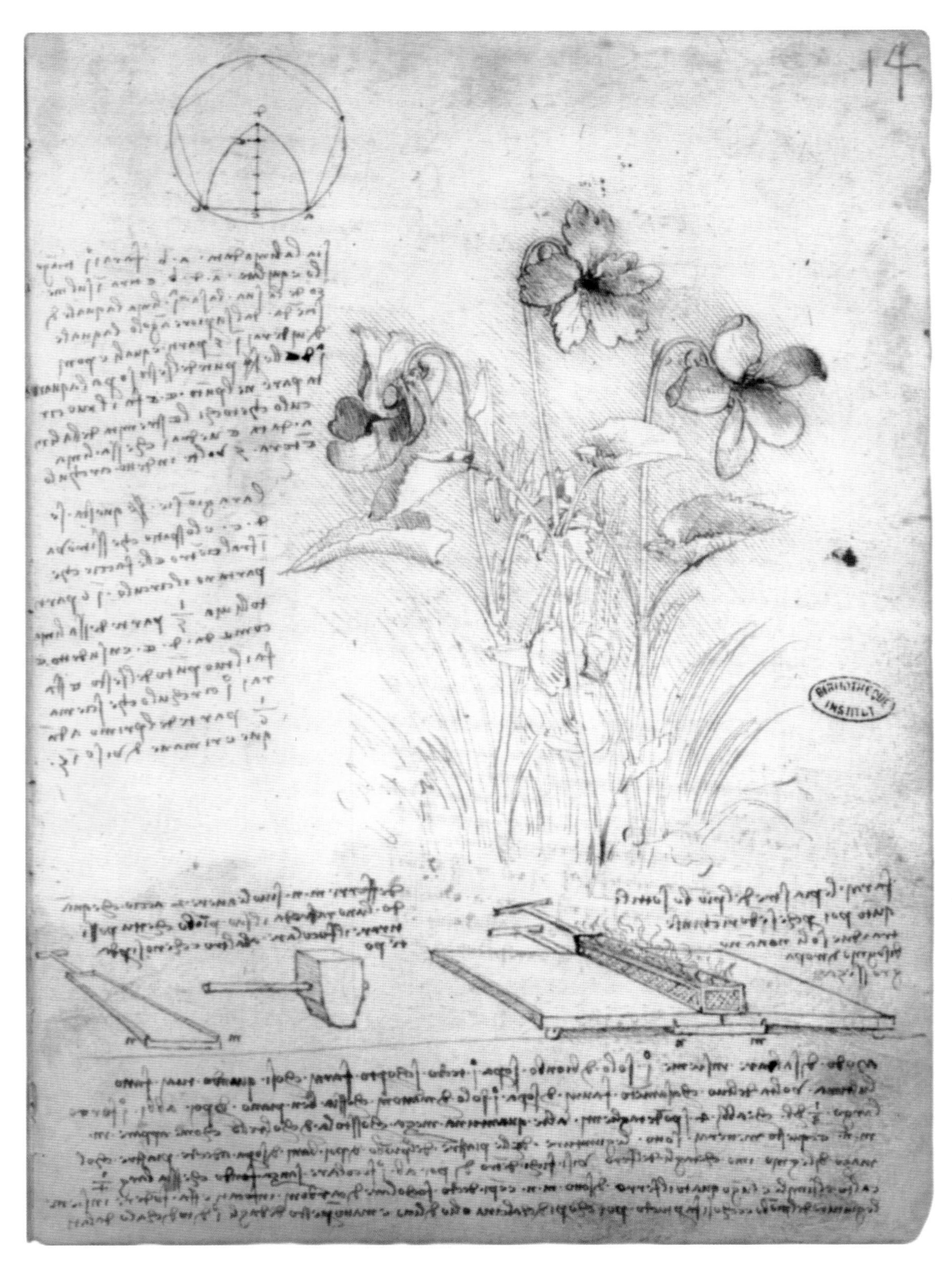

레오나르도 다빈치가 1490년경에 정리한 꽃잎 5개짜리 제비꽃에 대한 연구의
상단 왼쪽 구석에 면이 5개인 오각형의 스케치가 보인다.

나는 사무실 안에서 황금비 측정기를 가지고 앵무조개 껍데기의 나선을 측정해보았다. 그랬더니 아래 그림에서 보듯 측정기를 가지고 나선 바깥쪽 가장자리에서 나선 중심으로 확대할 경우 황금비에 아주 근접했으나 나선 바깥쪽 가장자리에서 반대편 나선 가장자리로 확대할 경우 황금비에 더 근접한 결과가 나왔다.

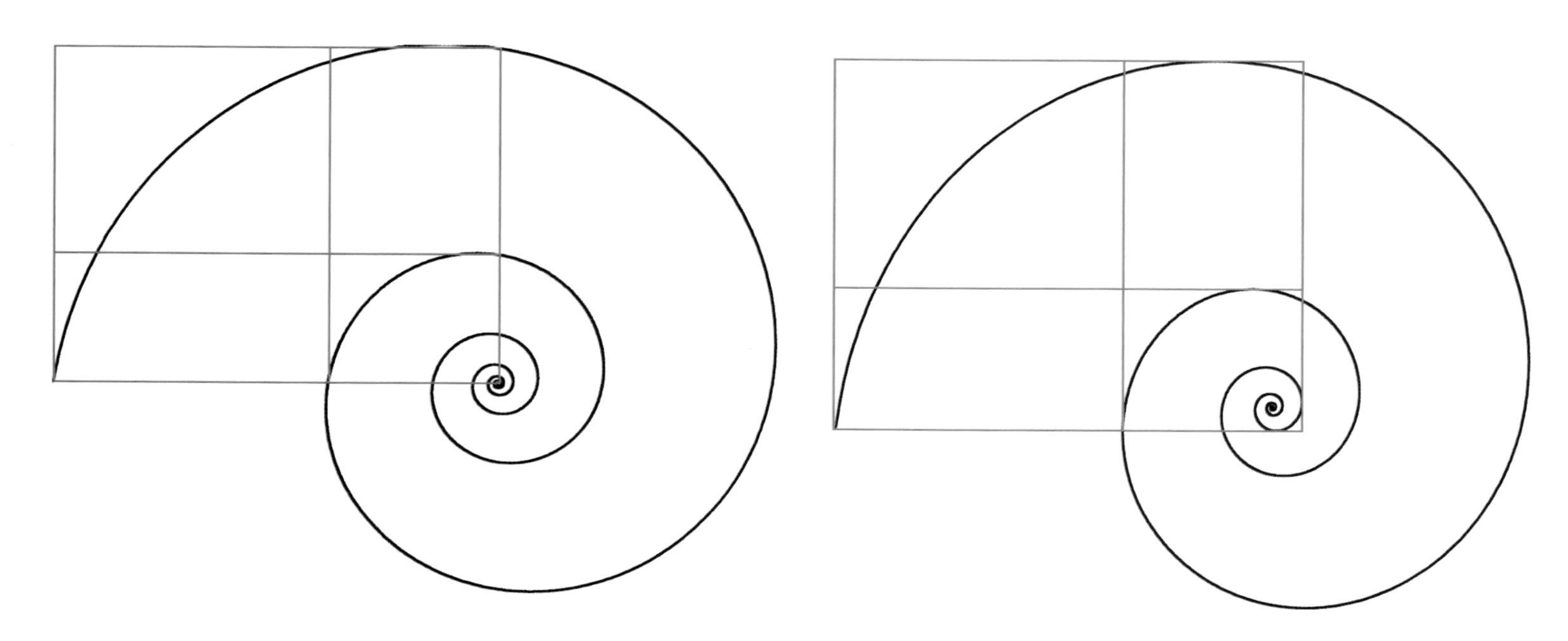

그런 다음 30도 각도 회전할 때마다 앵무조개 껍데기의 확대 비율을 측정해보니 1.545에서 1.627까지로 평균 1.587이었는데, 황금비와 1.9퍼센트밖에 오차가 나지 않았다. 나는 다른 앵무조개 껍데기들도 측정해보았는데 역시 그 비율이 황금비보다 약간 큰 결과치가 나왔다.

180도 각도 회전할 때마다 1.618의 비율로 확대되는 로그 나선은 그 형태가 앵무조개 껍데기의 나선에 훨씬 더 가깝다.

모든 앵무조개 껍데기가 똑같은 모양을 띠는 것은 아니며, 완벽한 나선형 패턴을 갖는 것도 아니다. 사람의 경우와 마찬가지로 앵무조개 껍데기 역시 모양에 변형과 결함이 많으며, 가장 이상적인 180도 각도의 황금 나선 치수에도 변형과 결함이 많다. 따라서 자연 속에 황금 나선이 존재하느냐 존재하지 않느냐를 둘러싸고 부정확한 주장들이 많지만 우리가 알기로 앵무조개 껍데기 나선은 Φ, 즉 황금비에 가까운 비율로 확대되며 모든 건 순전히 어떤 방식으로 측정하느냐에 따라 달라진다.

이를 통해 앵무조개의 명예와 명성이 회복되길 바라지만 그래도 역시 자연 속에 나타나는 일반적인 로그 나선과 황금 나선은 신중히 구분할 필요가 있다. 가끔 가다 허리케인이나 은하계가 황금 나선의 일부와 맞아떨어지는 경우도 있긴 하지만 그렇다고 해서 모든 허리케인과 은하계가 황금비에 기초해 움직인다고 결론지어선 안 될 것이다.

맞은편 2011년 태평양에서 발생한 태풍 선카를 포착한 NASA의 위성사진. 얼핏 보기에는 폭풍우 구름이 황금 나선과 비슷해 보일 수 있지만 자연에서 황금비에 기초한 나선이 생겨나는 경우는 드물다.

오른쪽 꼭대기부터 시계 방향으로 둥지고사리 잎, 어린 피들헤드고사리 잎, 해마 꼬리, 카멜레온 꼬리, 중국 타래난초, 소용돌이 은하. 이 모든 예는 자연 속에서 생겨난 로그 나선들로 성장 비율이 다양하다.

동물의 왕국

줄무늬여우왕고둥(아래) 같은 일부 조개껍데기들의 나선 패턴은 황금비에 가까운 비율로 확대되지만 송곳고둥(위)의 나선 패턴은 약 1.139의 비율로 확대된다.

파이매트릭스를 이용할 경우 다른 조개껍데기들의 나선에 나타난 황금비 비율을 비교적 쉽게 알아낼 수 있다. 또한 아래에서 보듯 황금비와 관계없이 완전히 한 바퀴 회전할 때마다 약 1.139의 비율로 확대되는 조개껍데기들도 쉽게 찾아볼 수 있다. 따라서 조개껍데기의 나선형 비율을 측정하다 보면 황금비를 비교적 자주 접하게 되지만 그것이 보편적인 특징은 절대 아닌 것이다.

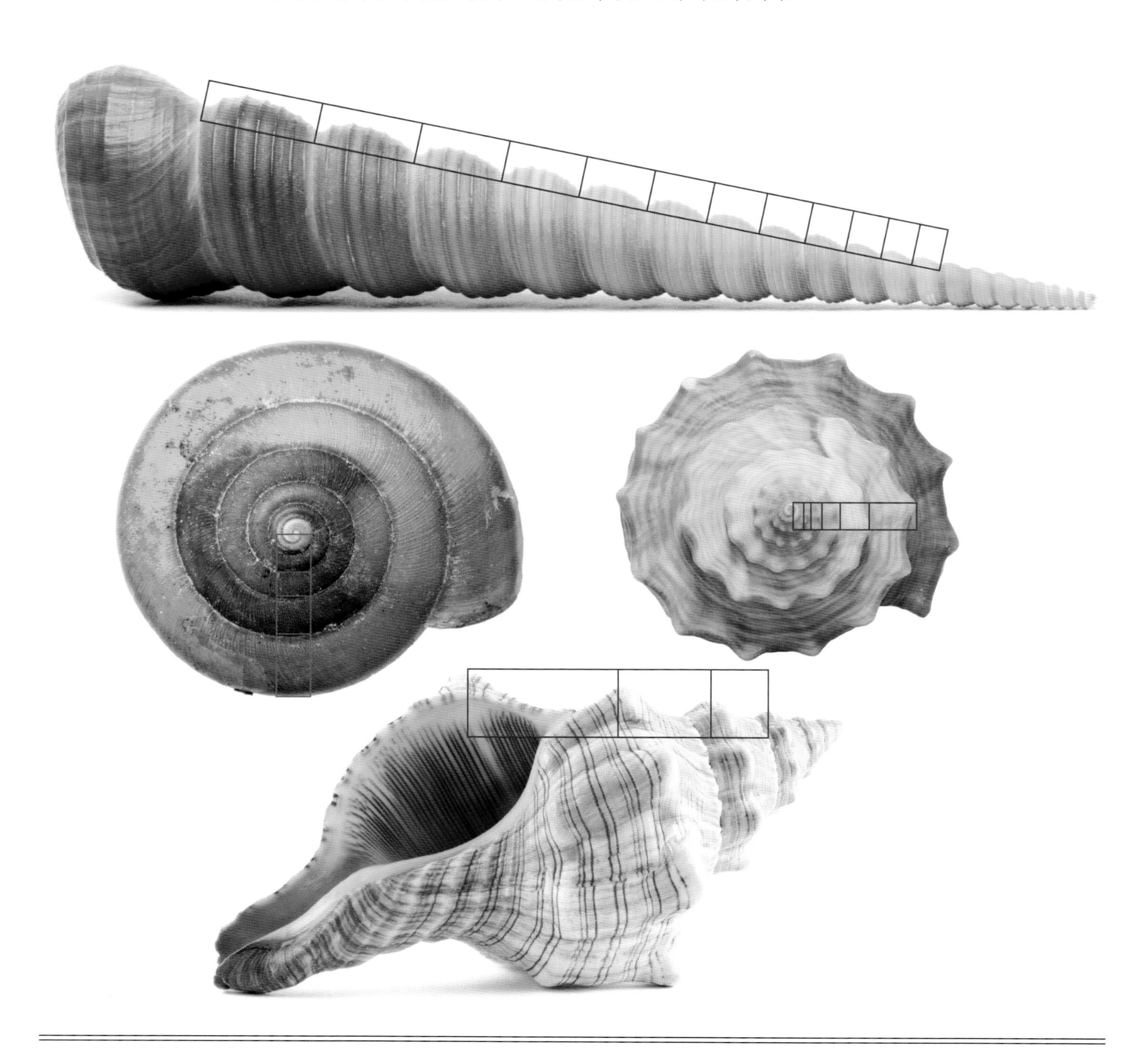

곤충들의 경우도 마찬가지이다. 아래에서 보듯 황금비를 구현하는 무늬나 몸체 비율을 가진 곤충이 비교적 흔한 것이다. 그러나 지구상의 모든 다세포 동물의 90퍼센트를 차지하는 곤충들[5]의 경우 기본적인 모양이나 구조가 놀라울 정도로 다양해 황금비가 곤충들의 보편적이거나 지배적인 디자인 원칙이라고 결론짓는 건 어불성설이다.

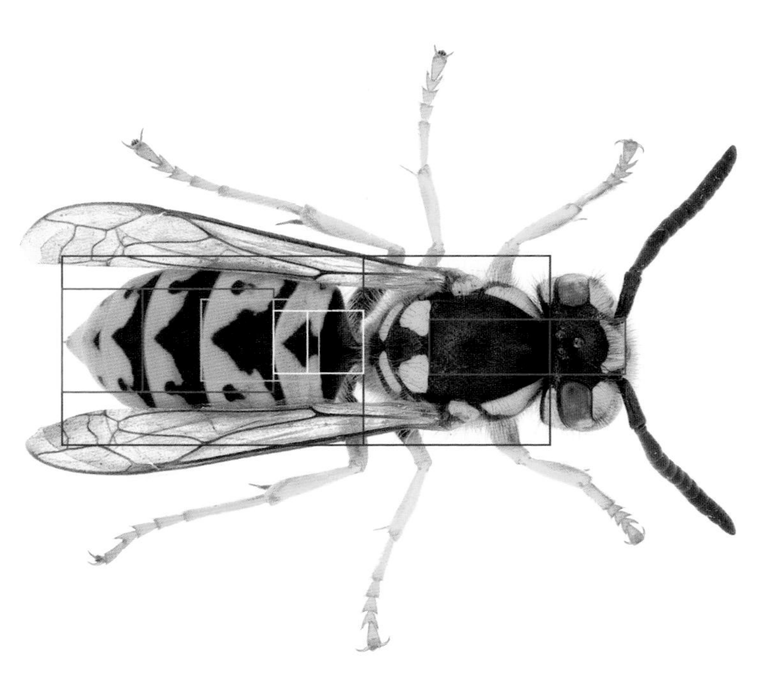

이전 페이지 위에서 아래로 풍뎅이, 자이언트누에나방, 독일 말벌

아래 집고양이(왼쪽)나 아프리카 사자(오른쪽) 모두 황금비에 기초한 얼굴 치수를 갖고 있다.

동물의 왕국을 들여다보면 일관된 구조를 토대로 공통된 모양을 가진 종은 얼마든지 찾아볼 수 있다. 예를 들어 식육목 내 고양잇과(예를 들면 고양이)에 속하는 동물들이 경우 눈과 코 그리고 입의 비율과 위치에서 황금비를 발견할 수 있다. 특히 고양이의 두 눈 안쪽 끄트머리들은 코의 정중앙과 눈의 바깥쪽 사이의 거리 가운데 황금비 분할 지점 가까이에 위치해 있다. 또한 고양이의 코 상단은 눈동자와 입 사이의 거리 가운데 황금비 분할 지점과 가까이 위치해 있다.

황금 DNA?

황금비가 우리 몸과 얼굴의 각종 비율들에 영향을 주는 게 사실이라면 인간 생명의 가장 기본적인 구성 요소인 DNA의 경우는 어떨까? DNA는 디옥시리보 핵산의 줄임말로, 너무 작아 현미경으로나 보이는 이 이중 나선에는 바이러스를 비롯한 모든 생명체의 형성과 발달에 필요한 모든 유전 정보가 담겨 있다.

DNA는 대체 얼마나 작은 걸까? 인체 내의 모든 세포에는 92개의 DNA 가닥들이 들어 있다(각 2개의 DNA 가닥으로 이루어진 총 46개의 DNA당 23쌍의 염색체가 있음). 최신 자료에 따르면, 인간 몸속에는 약 30~40조 개의 세포들이 들어 있다.[6] 그리고 이 세포들은 크기가 몇 마이크로미터(1/100만 미터)에서 100마이크로미터에 이를 정도로 아주 작으며, 각 세포핵 속에 포함된 DNA 가닥들의 너비는 훨씬 더 작아 몇 나노미터(1/10억 미터)밖에 안 된다. DNA가 360도 회전을 한 번 하는 길이는 3.2나노미터로 추산되며, DNA 가닥의 너비는 2.0나노미터로 추산된다.[7] 이를 비율로 계산할 경우 1.6이 되는데 놀랍게도 이는 Φ, 즉 황금비와 비슷하다.

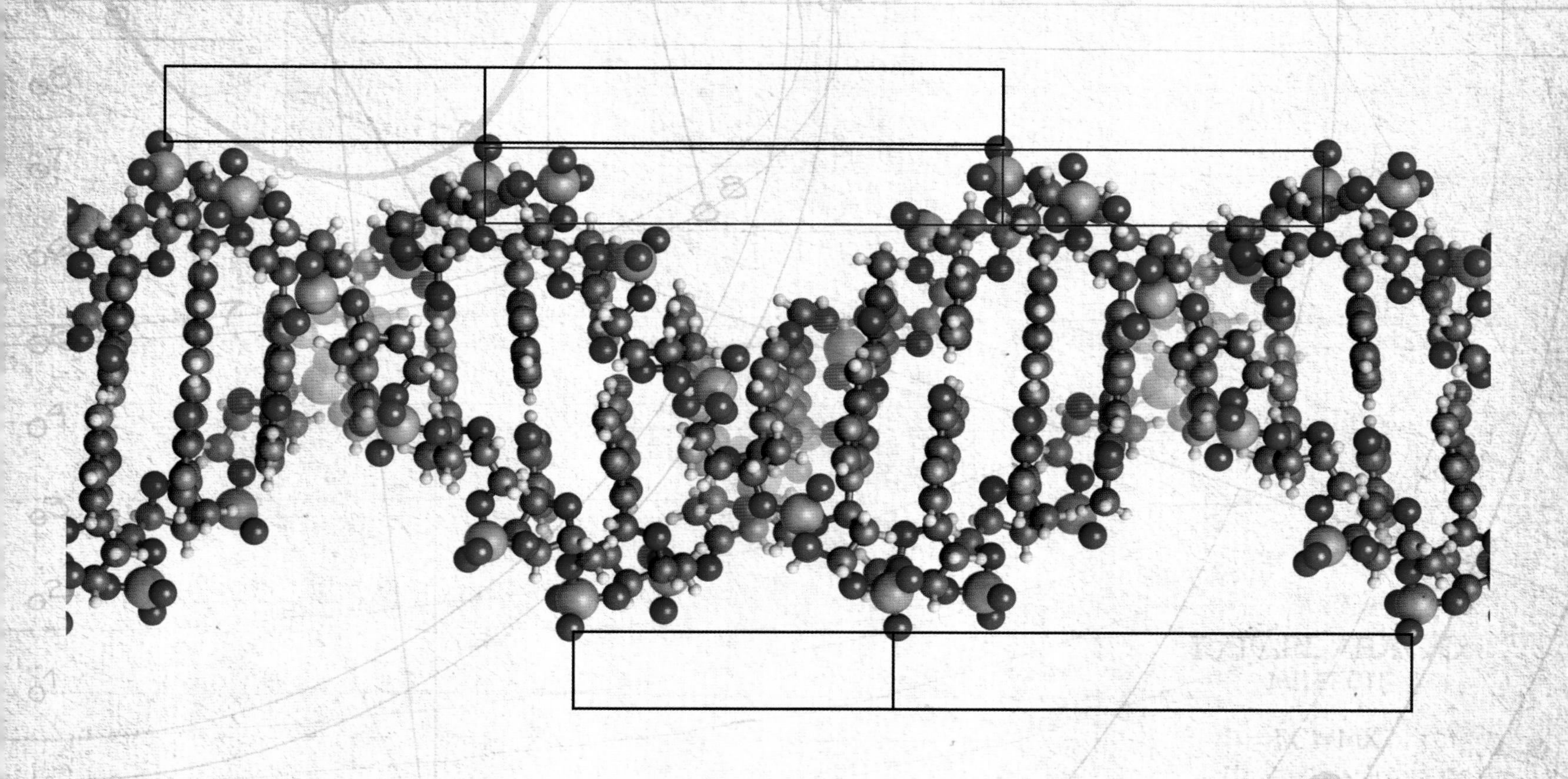

위 이 디지털 이미지는 황금비에 기반을 둔 DNA의 이중 나선 구조를 확대한 것이다.

맞은편 한 염색체 안에 감겨 있는 DNA 가닥들을 디지털 이미지화한 것

사실 그간 유전학자들은 여러 종류의 DNA들을 발견해왔지만 현재 자연계에 가장 흔하다고 믿어지는 DNA는 B-DNA이다. 그런데 공교롭게도 이 DNA 이중 가닥 구조 안에서 작은 홈과 큰 홈이 번갈아가며 나타나는데, 이 홈들의 비율 역시 Φ, 그러니까 황금비에 기반한 것으로 알려져 있다.

게다가 B-DNA의 이중 나선 구조의 경우 360도 회전당 약 10개의 DNA 염기쌍이 있다. 그 결과 마치 십각형의 경우처럼 10개의 면을 가진 횡단면 배열이 생겨난다. 그 횡단면의 중심부에 있는 오각형 같은 구조들이 보이는가?

인체의 각 2배 체세포 안에는 적어도 60억 개의 염기쌍이 들어 있어 당신만의 독특한 유전자 프로그램을 제공한다. 훨씬 더 믿기 어려운 일이지만 각 2배 체세포는 모두 약 6마이크로미터(인간 머리카락 너비의 1/16) 공간 안에 돌돌 감겨 있는데, 그걸 죽 펼칠 경우 DNA 한 가닥의 길이는 무려 1.8미터가 넘는다.[8]

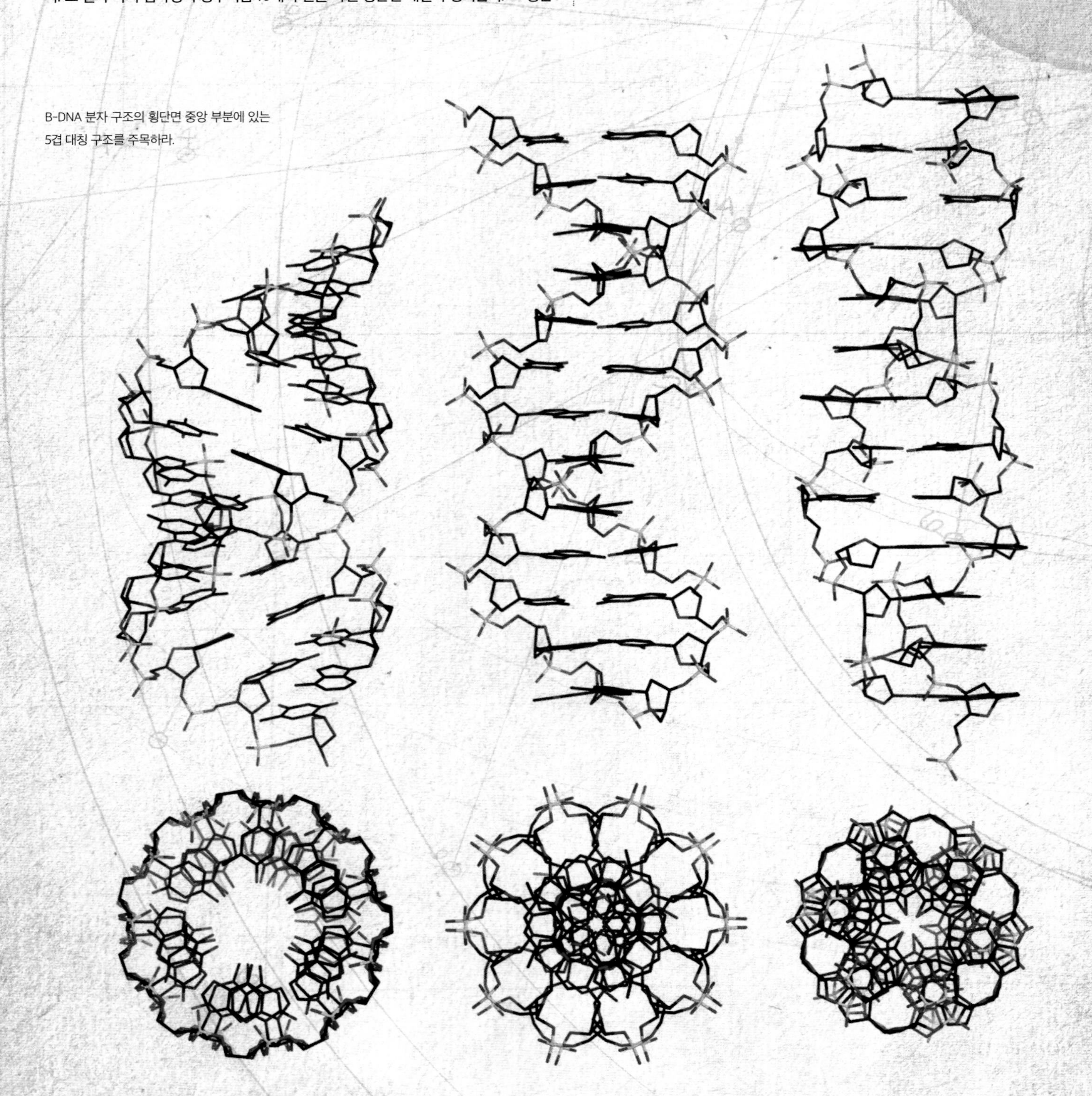

B-DNA 분자 구조의 횡단면 중앙 부분에 있는 5겹 대칭 구조를 주목하라.

Φ의 자연스런 아름다움

태곳적부터 지금까지 아름다운 인간의 모습을 찬양하기 위해 그야말로 셀 수 없이 많은 이야기와 예술 작품이 생겨났다. 스파르타의 왕비 헬레나는 얼굴이 무척이나 아름다워 그녀가 납치당하자 스파르타는 그녀를 찾아 데려오겠다며 1,000척의 배를 띄웠고, 그로 인해 그 유명한 트로이 전쟁이 일어났다고 전해진다. 그전에도 그랬고 후에도 그랬지만 아름다움에 대한 인간의 개념은 우리의 가장 위대한 미술, 문학, 음악 작품들에 영감을 주면서 인류의 역사에 영향을 끼쳐왔다.

마쿼트의 아름다움 마스크

스티븐 R. 마쿼트 박사는 어린 시절 트라우마를 남긴 한 사건을 겪으면서 인간의 얼굴에 심취하게 됐다. 네 살 되던 해에 그와 부모가 교통사고를 당했는데, 특히 엄마의 경우 얼굴 뼈가 다 부서지는 큰 부상을 입었던 것이다. 다행히 유능한 외과의사 덕에 얼굴은 잘 복원되었지만 그럼에도 불구하고 그녀의 외모는 크게 손상됐다. 그 일을 거치면서 마쿼트는 아주 미세한 차이가 우리가 얼굴을 인식하고 알아보는 방식에, 또 어떤 얼굴이 아름다운 얼굴인지를 결정하는 방식에 어떤 영향을 주는지 알고 싶다는 강한 욕구를 갖게 됐다.

마쿼트 박사는 구강 및 턱, 얼굴 수술 분야에서 의학 박사 학위를 받았다. 이런저런 의문들에 대한 답을 찾는 과정에서 그는 '마쿼트의 아름다움 마스크'를 발명했는데(그의 말을 빌리자면 '발견'한 거지만) 이 마스크는 비율들 면에서 여러 가지로 황금비를 반영하고 있다. 이는 면이 10개인 일련의 십각형들을 토대로 만들어져 면이 5개인 오각형의 경우와 마찬가지로 Φ, 즉 황금비와 관련이 있다. 그의 얼굴 이미징 연구는 전 세계 전문가들로부터 인정받고 있으며, 2001년에 방영된 BBC 방송의 다큐멘터리 프로그램 〈인간 얼굴〉 등 아름다움과 관련된 수십 편의 논문과 다큐멘터리 형태로 대중 매체들을 통해 널리 알려져 있다. 총 8개인 그의 마스크 세트는 남녀의 정면 및 측면 얼굴은 물론 웃는 모습과 웃지 않는 모습 등 다양한 모습들을 3차원으로 보여준다.

마쿼트 박사는 30년 가까운 기간 동안 문화권을 초월하는 인간의 아름다움에 대한 연구에 매진하면서 수술 집도는 더 이상 하지 않게 되었다. 특허받은 자신의 마스크를 여러 시대와 문화와 인종의 인간 얼굴 이미지들에 적용함으로써 그는 인간의 아름다움을 결정짓는 전형적인 얼굴 구조를 밝혀내고 있으며, 그런 작업을 통해 인간의 아름다움을 이해하는 데 중요한 원칙을 제시하고 있다. 수천 년 넘는 세월 동안 유행은 계속 변화했지만 아름다움에 대한 인간의 인식은 여전히 변치 않고 있다. 아름다움에 대한 인식은 아예 우리의 DNA 속에 뿌리내려 우리 자신의 일부가 되어버린 것이다.

파이매트릭스 소프트웨어를 가지고 아름다움을 인정받은 역사 속 인물들의 얼굴을 분석하면서 나는 눈동자와 눈 가장자리, 코, 입술선, 턱, 얼굴 너비 등 중요한 얼굴 특징들이 모두 Φ를 토대로 한 격자선과 일치한다는 걸 알게 됐다. 다음 두 페이지를 통해 우리는 오늘날에도 모든 인종 집단에 속한 아름다운 모델들의 얼굴에서 공통적으로 황금비를 발견할 수 있으며, 그래서 아름다움에 대한 우리의 뿌리 깊은 인식 또한 지금도 변함없이 널리 적용되고 있다는 걸 알게 될 것이다.

줄리아 티티 플라비아(64-91년)는 로마 황제 티투스의 무남독녀 외동딸이었다. 이 대리석 조각에는 로마 제국 시대의 전통적인 아름다움이 반영되어 있다.

빼어난 미모로 유명했던 이집트 여왕 네페르티티는 기원전 1350년경에 자신의 남편인 파라오 아크나톤을 좌지우지했다. 그녀의 이름 자체가 '아름다운 여성이 나타나다'로, 그녀의 아름다운 얼굴 비율들은 오늘날에도 사람들의 큰 관심을 불러일으키고 있다.

보다 아름다운 눈과 눈썹, 입술, 코와 같은 얼굴 부위들의 평균 치수와 비율은 인종에 따라 조금씩 다르지만 이 미세한 차이들에도 불구하고 아름다운 얼굴은 황금비에 토대를 둔 기본적인 얼굴 구조에 의해 결정된다.

매력적으로 보이는 이 여성의 얼굴에는 Φ에 기초한 비율들이 놀랄 만큼 많이 눈에 띈다.

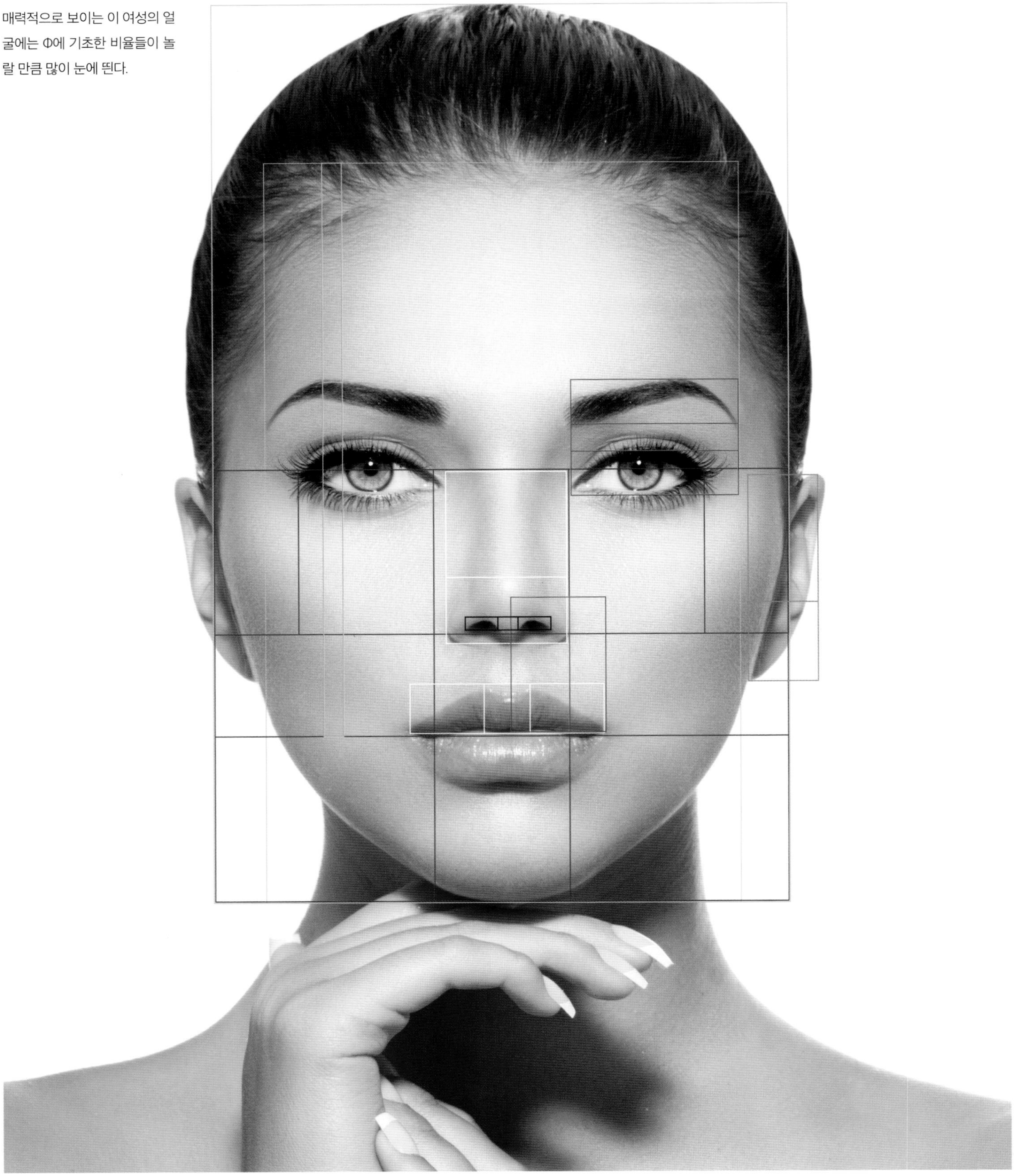

역사적으로 풍자 만화가들은 인간 얼굴의 특이한 부분이나 결점을 우스꽝스럽게 또는 괴기스럽게 과장하기 위해 얼굴 비율을 가지고 장난을 해왔다. 어떤 경우에는 자신이 경멸하는 상대를 지나칠 정도로 흉하게 묘사하기도 했다. 이를테면 자신이 생각하는 어떤 사람의 부정적인 내적 특성들을 표현하기 위해 두 눈과 코 사이의 거리를 잔뜩 좁힌다거나 코와 입 사이의 거리를 늘린 형태로 희화화한 것이다. 플랑드르의 화가 캥탱 마시의 풍자화 〈추한 공작부인〉이 그 좋은 예이다. 이런 풍자화들은 우리가 스스로 생각하는 적절한 얼굴 비율이란 것에 얼마나 민감한지, 그리고 그 비율이 조금만 달라져도 얼굴이 얼마나 비정상적으로 보일 수 있는지를 잘 보여준다. 설사 얼굴 비율이 좀 달라진다 해도 그가 누군지 금방 알아챌 수는 있지만 말이다.

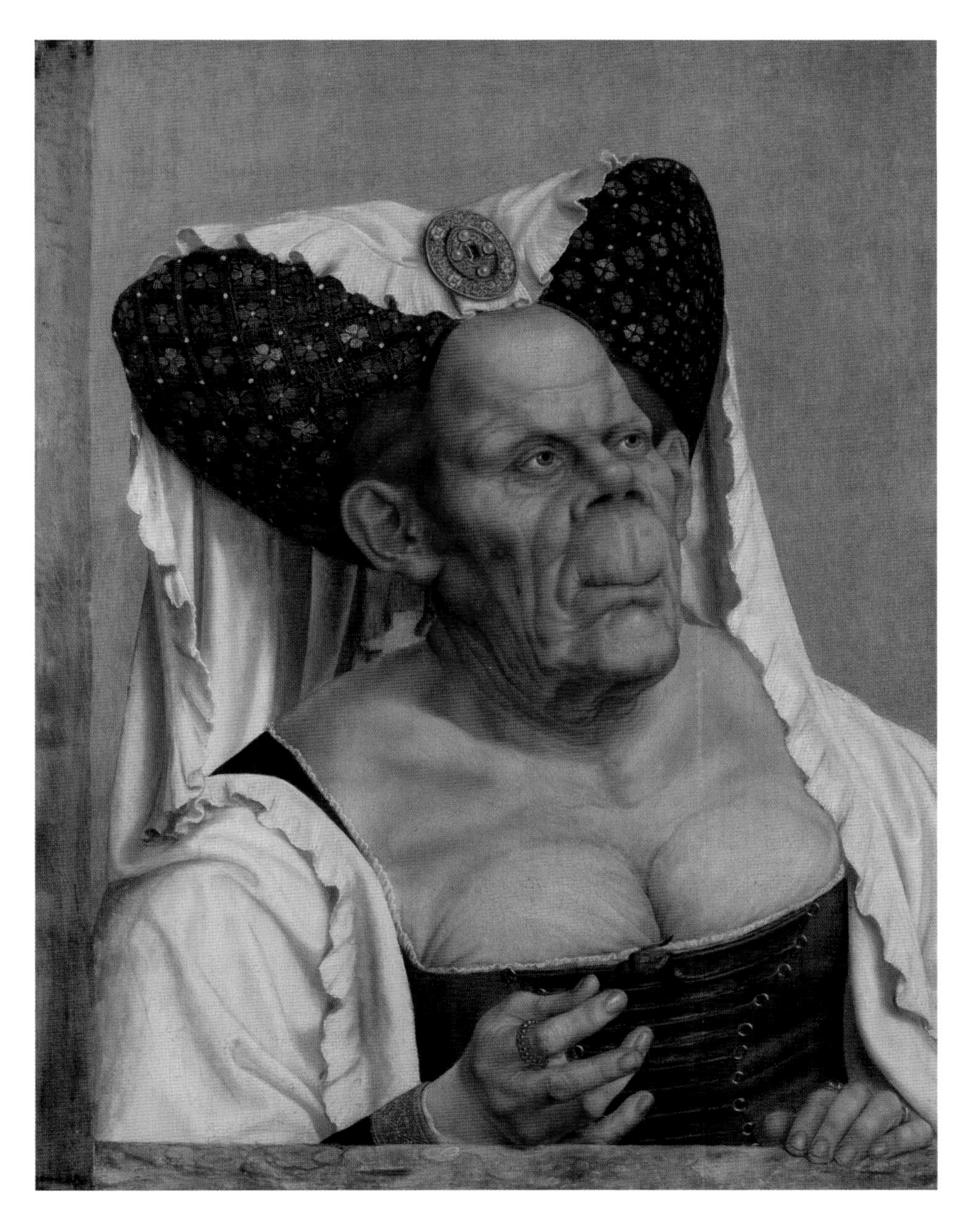

플랑드르의 화가 캥탱 마시가 그린 <추한 공작부인>, 1513년

치아 황금비 측정기

처음 개업의 일을 시작했을 때 치과 심미 치료의 선구자 에디 레빈 박사는 비뚤어지거나 손상된 치아를 자연스럽게 보이도록 만들고자 애를 쓰는데도 불구하고 치아가 여전히 부자연스럽게 보이는 경우가 많은 이유가 뭔가 하는 의문에 빠졌다. 그러다 어느 순간 계시와도 같은 영감이 스쳤다. 누군가의 치아를 더 자연스럽고 아름답게 보이게 하는 데 황금비가 도움이 될지도 모른다는 생각이 떠오른 것이다. 그는 유레카를 외칠 만한 그 순간 이후 바로 실천에 들어가 자신이 가르치고 있는 병원의 한 젊은 여성에게 제일 먼저 이 새로운 생각을 적용해보기로 했다. 그녀의 앞니들은 엉망이어서 인공 치관을 씌워야 했다. 다른 병원 동료들이나 기술자들이 회의적으로 봤음에도 불구하고 그는 황금비의 원칙들에 따라 그녀의 앞니 전체에 인공 치관을 씌웠다. 결과는 대성공이었으며, 반론을 제기하는 사람은 아무도 없었다.

이후 레빈 박사의 기술팀은 치과학에 황금비를 적용하는 강의를 개설했고, 레빈 박사는 치아 황금비 측정기와 격자 시스템을 만들어냈다. 레빈 박사의 진단용 격자 시스템은 정면에서 본 치아를 더 보기 좋게 만들어주는 일련의 황금비들을 토대로 하고 있으며, 따라서 치과 의사들이 이 시스템을 활용할 경우 환자의 치아에 대한 미적 평가를 거쳐 적절히 교정할 수 있다. 예를 들어 위쪽 중앙 앞니들의 너비와 위쪽 중앙 측면 앞니들의 너비 비율을 Φ, 즉 1.618과 같게 만드는 것이다.

레빈 박사의 격자 시스템을 활용할 경우 코에서부터 턱 아래쪽까지의 거리와 치아에서부터 턱 아래쪽까지의 거리의 비율 등 얼굴 안의 다른 황금비들도 확인할 수 있다.[9] 그의 격자 시스템은 현재 많은 미국 대학들에서 필수 연구 대상이며, 그의 연구는 미용 치과 분야에 황금비가 얼마나 유용한지를 잘 보여준다.

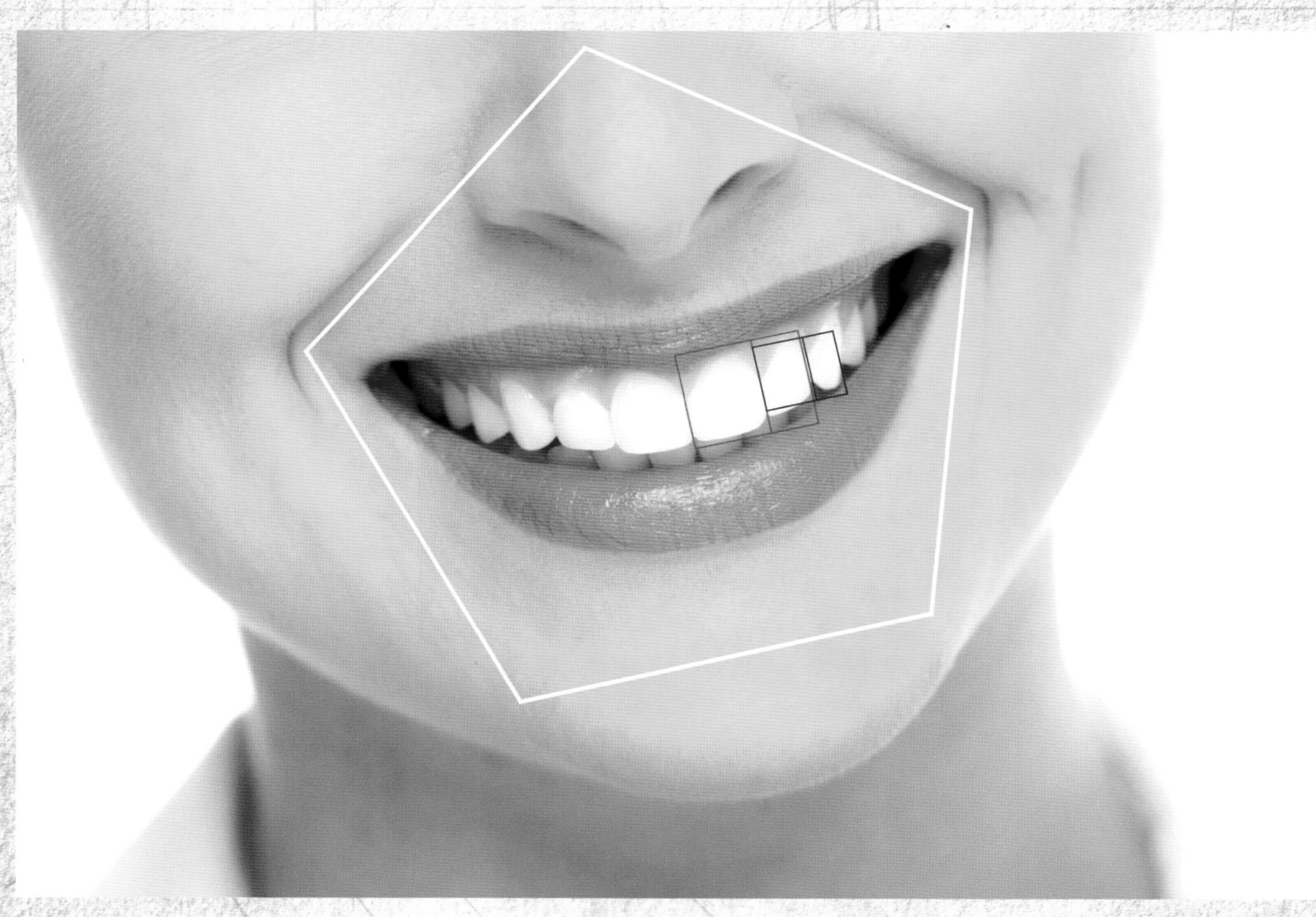

매력 있는 일련의 치아들이 황금비를 이루고 있다.

평균적인 얼굴 비율들과 사회가 특별히 아름답다고 인정하는 얼굴 비율들을 비교해보면 얼굴 매력과 관련된 또 다른 통찰력을 갖게 된다. 그러니까 평균적인 비율의 얼굴이 놀랄 정도로 매력적일 뿐 아니라 아름답기까지 한 것이다. 그리고 특별한 아름다움을 지녔다고 여겨지는 사람들의 경우 대개 눈, 입술, 눈썹, 코 등의 부위가 특히 아름다우며 그런 부위들이 기본 비율들을 뛰어넘는 특출한 특징들을 갖고 있다. 화장을 통해 얼굴의 그런 특정 부위들을 강조할 경우 눈에 띌 정도로 한결 더 매력적으로 보이게 되는 것도 다 그런 이유 때문이다. 한 발 더 나아가 뛰어나게 아름다운 미술 및 건축 작품들이 서로 관련된 일련의 황금비들을 구현하듯 우리의 얼굴 또한 그와 똑같은 황금비들을 구현한다.

그러니 앞으로 거울 앞에서 당신 자신을 비춰 볼 때는 미소 띤 얼굴로 거기 나타난 모든 황금비들을 유심히 살펴보도록 하라. 그런 다음 잠시 그것이 어떻게 지구상의 모든 다른 사람들은 물론 당신 주변 자연 속의 그 많은 동식물들의 아름다움과 연결되는지 생각해보라.

준결정

1982년 주사 전자 현미경을 들여다보던 화학자 댄 셰흐트만은 결정성 고체를 연구하는 화학 분야인 결정학의 기본적인 가정들과 모순돼 보이는 하나의 이미지를 포착했다. 각 원마다 밝은 점 10개가 나타나 10겹 회전 대칭 패턴을 띠고 있었던 것이다. 당시까지만 해도 결정체들은 2겹 또는 3겹, 4겹, 6겹 회전 대칭 패턴만 띨 수 있다고 알려졌었는데 셰흐트만의 발견으로 인해 믿음이 흔들리게 된 것이다. 사실 워낙 믿기지 않는 발견이어서 당시 셰흐트만은 자신의 발견이 옳다는 걸 주장하다 연구팀을 떠나라는 요청을 받았을 정도다. 어쨌든 10겹 회전 대칭을 둘러싼 논란은 점점 거세져갔고, 과학자들은 물질의 본성에 대해 자신들이 알고 있던 사실들을 재검토하지 않을 수 없는 상황이 됐다. 결국 과학계는 펜로즈 타일들을 통한 검증 끝에 점차 셰흐트만의 발견을 받아들이기 시작했다.

셰흐트만(맨 뒤 왼쪽)이 1985년 미국 국립표준기술연구소(NIST)에서의 한 모임에서 준결정 원자 구조에 대해 논의하고 있다.

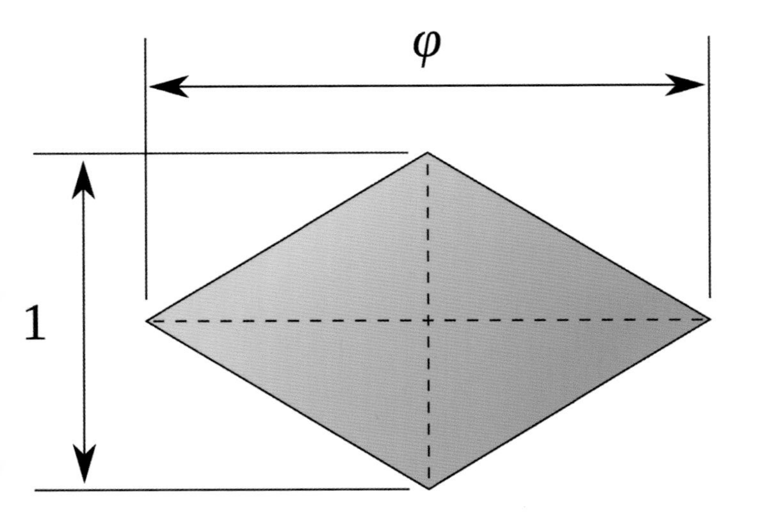

설탕, 소금, 다이아몬드처럼 자연 상태에서 발견되는 대부분의 결정체들은 원자 구조가 결정체 전체에서 같은 방향으로 정렬되어 있는 등 완전히 대칭적이며 주기적인 특성을 갖고 있다. 그러나 준결정체들은 비대칭적이며 비주기적이다. 결정체의 특성과 유리 같은 비결정 물질의 특성이 합쳐진 준결정체의 발견으로 우리는 전혀 예상치 못한 새로운 물질 상태를 보게 된다. 셰흐트만은 알루미늄-망간 합금(Al_6Mn)에서 처음 준결정체를 관찰했으며, 이후 다른 물질들(그중 상당수는 알루미늄 중심의 합금)에서도 수백 가지의 준결정체가 관측됐다. 자연 상태에서 처음 관측된 준결정체는 2009년 러시아에서 발견된 아이코사히드라이트이다.[10)]

2차원 상태에서의 5겹 대칭에 대한 펜로즈 타일 솔루션에는 두 가지 모양, 즉 화살과 연 모양이 필요하다. 그런데 3차원 상태에서는 단 한 가지 모양, 즉 황금비를 가진 3차원 6면 다이아몬드 모양만 필요하다.

다른 준결정체들은 여러 가지 모양을 취하고 있다. 예를 들어 아래 이미지에서 보듯 홀뮴-마그네슘-아연 준결정체는 표면이 정오각형인 오각 12면체 모양을 취한다.

위 일부 준결정체들의 구조에서는 3차원 황금 마름모가 토대가 된다.

오른쪽 이 사진에서는 홀뮴-마그네슘-아연 준결정체의 크기와 1페니짜리 동전의 크기가 비교되고 있다. 미국 에너지국에 따르면 이 새로운 준결정체는 자동차 기계 부품들의 저마찰 코팅용으로 더없이 좋을 거라고 한다.

이런 준결정체들을 발견한 지 거의 30년 후에 셰흐트만은 준결정체 발견의 공로를 인정받아 노벨 화학상을 수상했다. 이후 과학자들은 중세 이슬람 건축 양식으로 지어진 스페인의 알함브라 궁전과 이란의 다비 이맘 사원으로 눈길을 돌려 Φ에 토대를 둔 건축물들의 아름다운 비주기성 모자이크들에 주목하게 된다. 어쨌든 셰흐트만의 준결정체 발견으로 인해 전혀 새로운 종류의 고체들이 등장하게 됐으며, 또 여러 차원의 대칭 구조들도 얻을 수 있게 됐다.

아래 다섯 가지 '기리 타일'(이슬람의 장식용 다각형 타일 - 옮긴이)은 거의 1,000년간 이슬람 건축에서 비주기성 기하학적 패턴들을 만드는 데 사용됐다.

위 홀뮴-마그네슘-아연 준결정체의 전자 회절 패턴은 5겹 대칭 구조를 띠고 있다. 펜타그램과 오각형, Φ에 토대를 둔 기타 모양들이 많이 눈에 띈다.

아래 이 기리 타일 패턴은 우즈베키스탄 사마르칸트 내 샤히-진다 공동묘지 안에 있는 투만 아카 묘의 벽에 그 모습을 드러내고 있다.

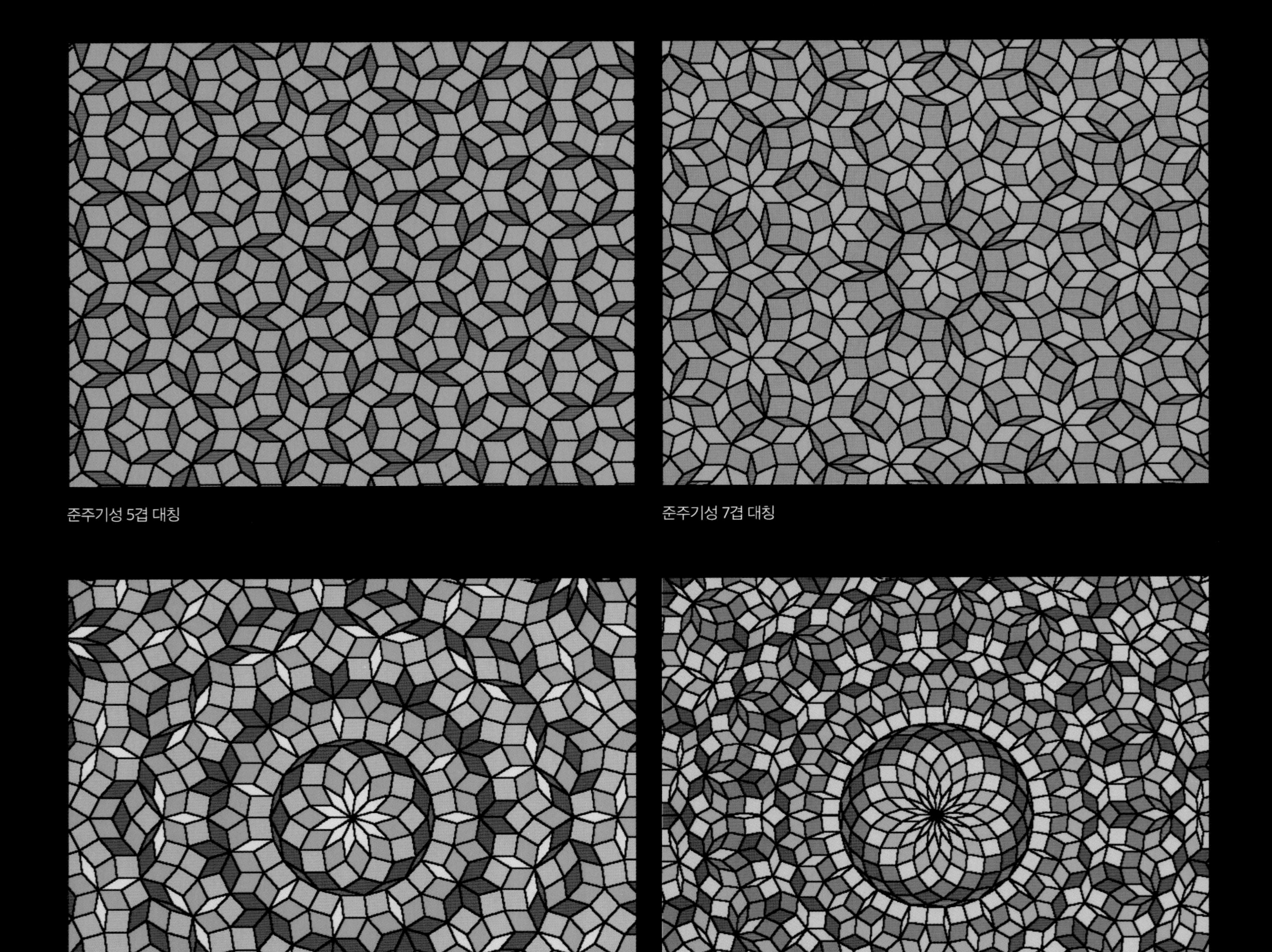

준주기성 5겹 대칭

준주기성 7겹 대칭

준주기성 11겹 대칭

준주기성 17겹 대칭

버키볼

앞서 3장에서 언급했던 수학자 루카 파치올리의 역사적인 저서 『신성한 비율』에는 Φ에 토대를 둔 12면체와 20면체 등 레오나르도 다빈치가 그린 3차원 입체 뼈대들이 등장한다. 거기에는 13개의 아르키메데스 입체들도 있는데, 그중 하나는 오늘날의 축구공(61쪽 참조)을 닮았다. 그 3차원 입체는 공식적으로는 '깎은 정20면체'라 불리며, 12개의 오각형과 20개의 육각형으로 이루어져 있다.

1985년 화학자 로버트 컬과 해리 크로토, 리처드 스몰리는 아르키메데스의 '깎은 정20면체'의 구조와 똑같이 생긴 탄소 분자(C_{60})를 발견했다고 발표했다. 그리고 그 탄소 분자에 지오데스식 돔으로 유명한 미국 건축가 겸 미래학자인 버크민스터 풀러의 이름을 갖다 붙였다. 12면체와 20면체의 경우와 마찬가지로 이 버크민스터풀러렌(또는 버키볼)은 그 속에 황금비를 띠고 있다. 예를 들어 당신이 만일 3차원 데카르트 좌표계의 원점에 집중된 탄소 분자의 점 60개를 그림으로 그린다면 다음과 같이 60개의 좌표가 모두 Φ의 배수들을 토대로 하게 된다.[11]

$$X\ (0,\ \pm 1,\ \pm 3\Phi)$$
$$Y\ (\pm 1,\ \pm[2+\Phi],\ \pm 2\Phi)$$
$$Z\ (\pm 2,\ \pm[1+2\Phi],\ \pm\Phi)$$

버크민스터풀러렌 탄소 분자의 구조는 Φ에 기초한 아르키메데스의 깎은 정20면체의 구조와 아주 흡사하다.

양자 파이

2010년 1월에 옥스퍼드대학교의 라두 콜데아 박사는 고체 상태의 물질에서 나타나는 황금비 대칭에 대한 논문을 발표했다.[12] 그 논문에서 콜데아 박사는 원자 규모의 입자들은 매크로-원자 세계의 입자들처럼 움직이지 않으며, 하이젠베르크 불확정성 원리에 따라 나타나는 새로운 특성들을 보인다고 주장했다. 그들은 코발트-니오브산염을 이용한 자신들의 실험에 인위적으로 보다 큰 양자 불확정성을 도입함으로써 기타줄처럼 움직이는 나노 규모의 원자들이 공명하는 일련의 음들을 만들어냈는데, 그 첫 번째 두 음이 1.618의 주파수 관계를 갖고 있었다. 콜데아 박사는 이는 절대 우연의 일치가 아니며, E_8이라 알려진 이 양자계의 숨겨진 대칭이 갖고 있는 아름다운 특성을 보여주는 것이라고 확신했다. 예외적으로 간단한 리군Lie group인 E_8은 아름다운 황금비를 갖고 있다. 위쪽 반원이 파란색, 빨간색, 금색, 흰색 구조로 동심원을 그리는 황금비 반원들 모양을 하고 있어 그 패턴이 노트르담 성당의 아름다운 스테인드글라스 장미 창문과 아주 흡사하다.

오른쪽 1900년 영국 수학자 토롤드 고셋이 발견한 4_{21} 반정칙 다면체의 E_8 콕세터 투영도. 30겹 대칭과 황금비들이 나타나 있다.

맞은편과 그다음 페이지 4_{21} 반정칙 다면체의 콕세터 투영도. Φ를 토대로 한 노트르담 성당의 아름다운 북쪽 장미 창문을 연상케 한다.

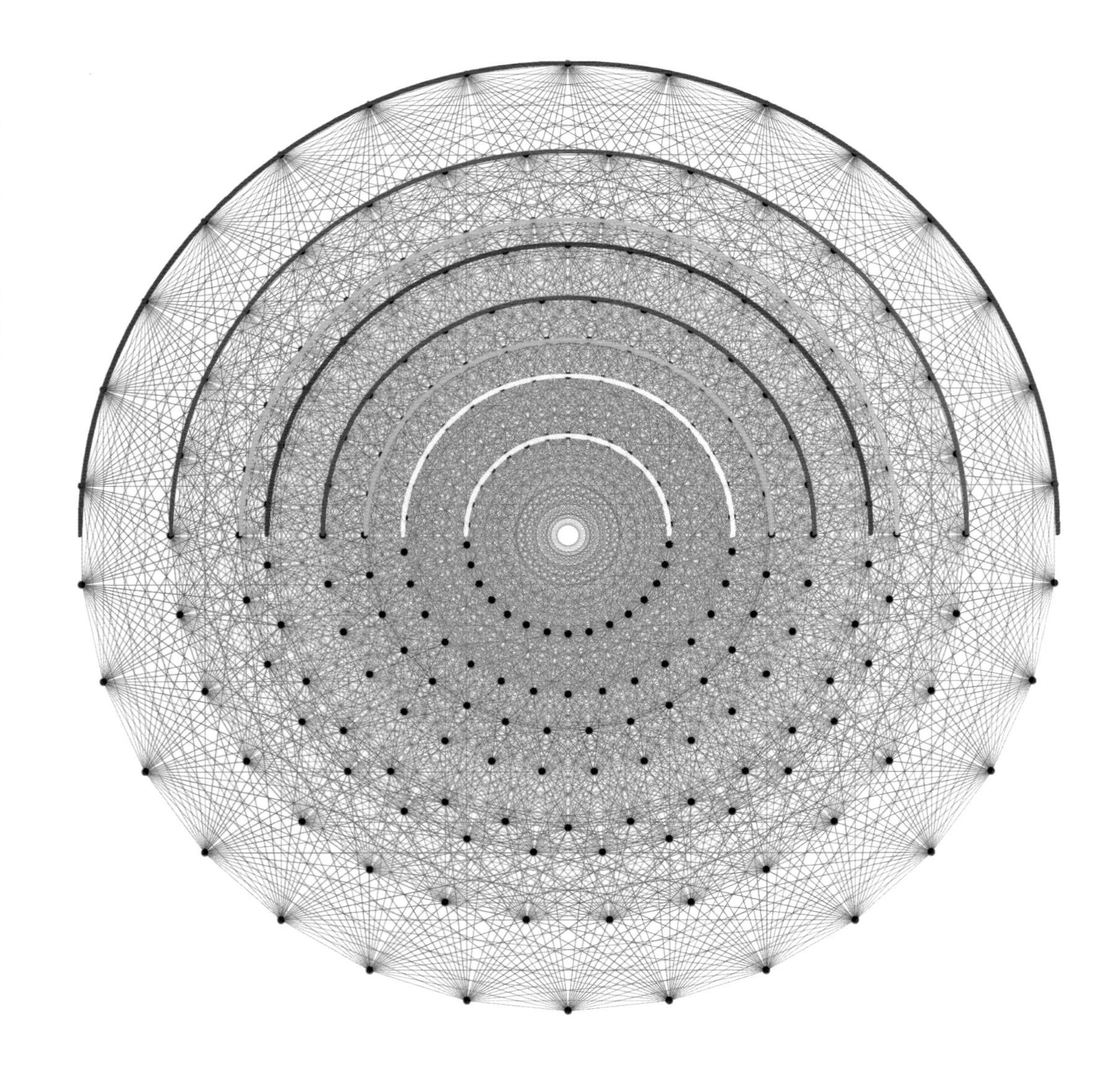

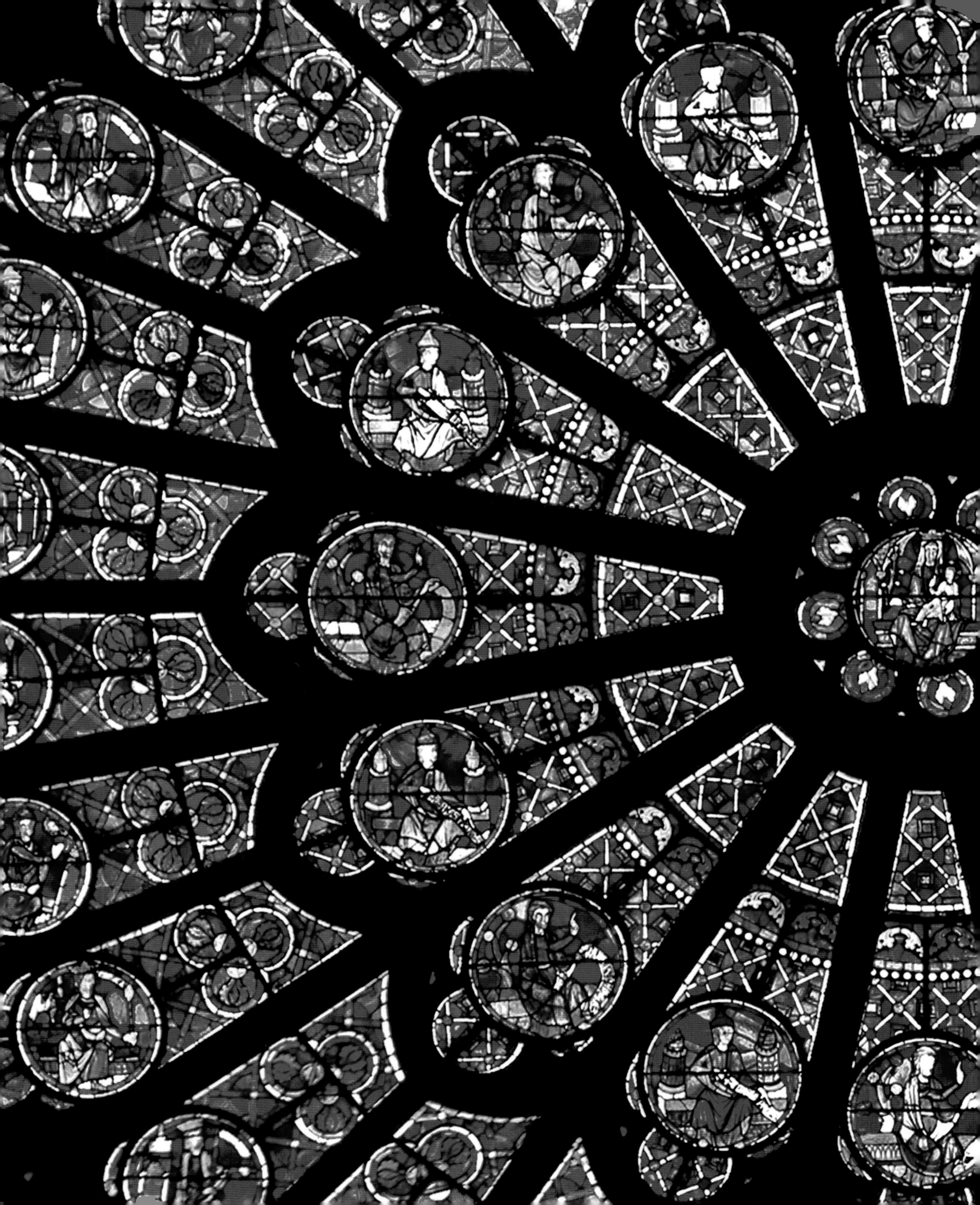

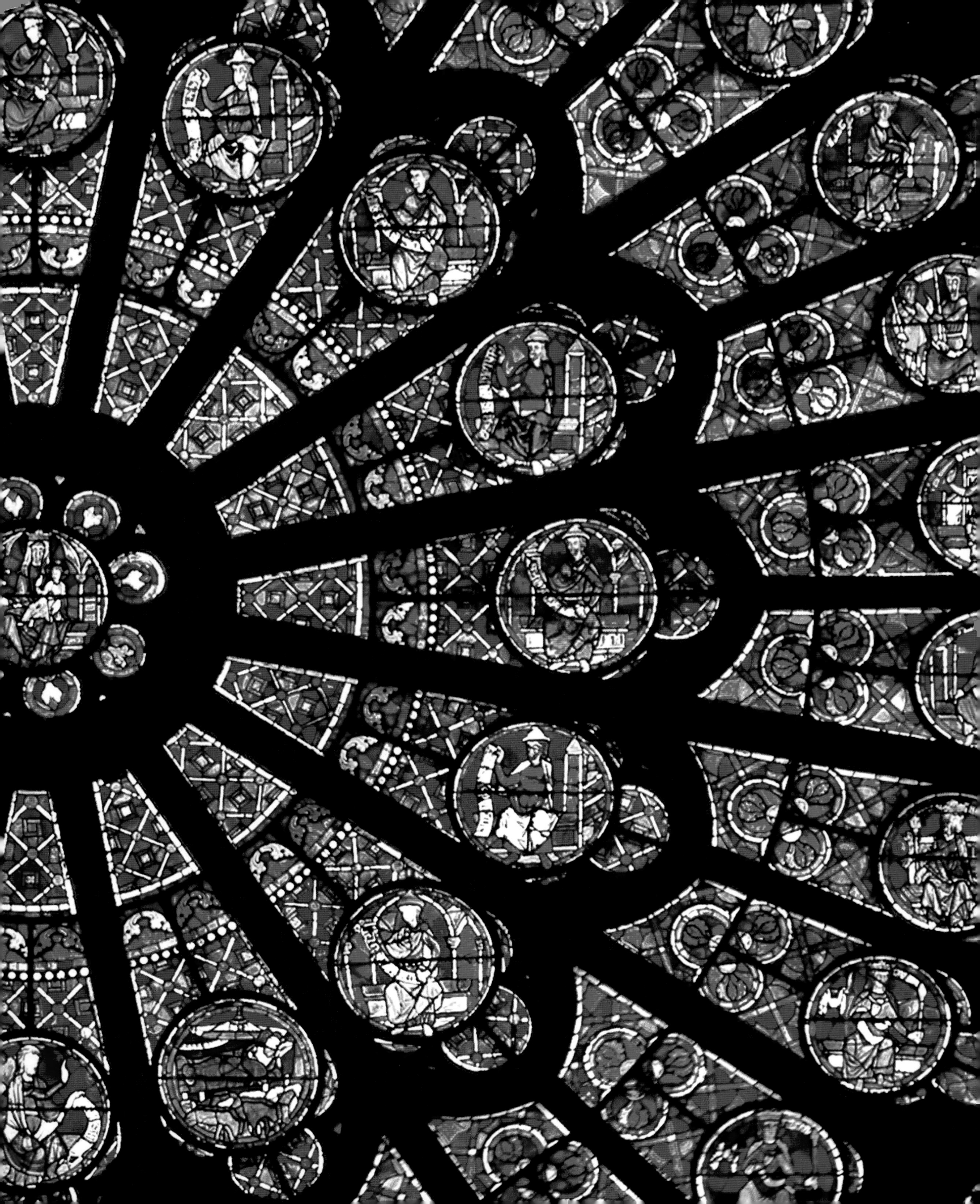

Φ에 걸기

피보나치 수를 잘 활용하면 복권 숫자를 고르거나 도박에서 베팅을 하는 데 도움이 되지 않을까 생각하는 사람들도 있다. 그러나 사실 운에 맡기는 게임의 결과는 무작위로 결정되며, 따라서 피보나치 수열과는 아무 관계가 없다.

그러나 베팅 방법을 관리하는 데 사용되는 베팅 시스템들은 엄연히 존재하는데, 피보나치 수열에 바탕을 둔 피보나치 베팅 시스템은 동전 던지기처럼 확률이 약 50퍼센트인 게임들에 종종 사용되는 마팅게일 베팅 시스템의 변형이다. 이 베팅 시스템에 따를 경우 게임 참가자는 손실을 전부 만회할 때까지 계속 자신의 베팅을 2배로 늘려 나가게 된다. 그러나 카지노와 온라인 룰렛에서 종종 사용되는 피보나치 베팅 시스템을 따를 경우

회수	시나리오 1	시나리오 2	시나리오 3
베팅 1차	베팅 1차와 손실	베팅 1차와 손실	베팅 1차와 승리
베팅 2차	베팅 1차와 손실	베팅 1차와 손실	베팅 1차와 승리
베팅 3차	베팅 2차와 승리	베팅 2차와 손실	베팅 1차와 손실
베팅 4차	-	베팅 3차와 승리	베팅 1차와 손실
베팅 5차	-	-	베팅 2차와 승리
최종 결과	**0에서 같음**	**1만큼 낮음**	**2만큼 앞섬**

베팅 패턴은 피보나치 수열을 따르게 되어 게임에서 이길 때까지 각 베팅은 이전 두 차례 베팅의 합이 된다. 그러다 게임에서 이길 경우 베팅은 피보나치 수열에서 두 수 전으로 돌아가는데, 그 합이 이전 베팅과 같기 때문이다. 피보나치 베팅 시스템에서의 베팅은 마팅게일 베팅 시스템에서의 베팅보다 계속 낮게 유지되지만 운이 따르지 않을 경우 모든 손실을 만회할 수는 없다.

이때 유의해야 할 점은 베팅 시스템들이 게임의 기본적인 승리 가능성을 바꾸진 못하며, 그래서 늘 카지노나 복권 주최측에 유리하다는 것이다. 위의 예에서 보듯 그저 베팅을 좀 더 체계적으로 하는 데 도움을 주는 정도인 것이다.

컴퓨터 과학 분야에서는 특정한 데이터를 찾기 위해 분류된 데이터를 검색하는 데 피보나치 검색 기법이 유용하다. 예를 들어 피보나치 힙은 우선순위가 높은 요소들을 우선순위가 낮은 요소들에 앞서 처리해주는 우선순위 큐 활동을 위한 데이터 구조로 컴퓨터 프로그램 런타임 수행을 개선하고, 커뮤니케이션 네트워크를 위한 복잡한 라우팅 문제들을 해결하는 데 도움이 된다.

여지껏 말해온 것과는 전혀 다른 목적으로 황금비와 피보나치 수열을 활용하는 사람들도 있다. 그러니까 식물의 나선 패턴들이나 르네상스 시대 예술 작품들에서 발견되는 수학적 관계들을 주식 및 외환 등의 금융 상품을 분석하는 데 활용하고 있는 사람들이 있다는 것이다. 금융시장은 여러 해에 걸쳐 대규모로 일어나는 이런저런 패턴들의 경제 사이클을 갖고 있다. 그러다 때론 황금비나 피보나치 수열 패턴과 일치하는 패턴들이 대규모로 나타나 어느 하루의 개별적인 주식 및 외환 거래 패턴을 반영하기도 한다. 마찬가지로 하루 또는 주 단위의 움직임들이 장기간 동안 일어나는 같은 움직임들의 프랙탈 패턴처럼 보이기도 한다. 일부 전문가들은 파도처럼 나타나는 이런 파형 패턴들이 가격 저항점(주식 등의 일방적 움직임이 완화 또는 중지되는 지점 - 옮긴이) 및 가격 고저 타이밍을 뜻한다고 믿고 있다.

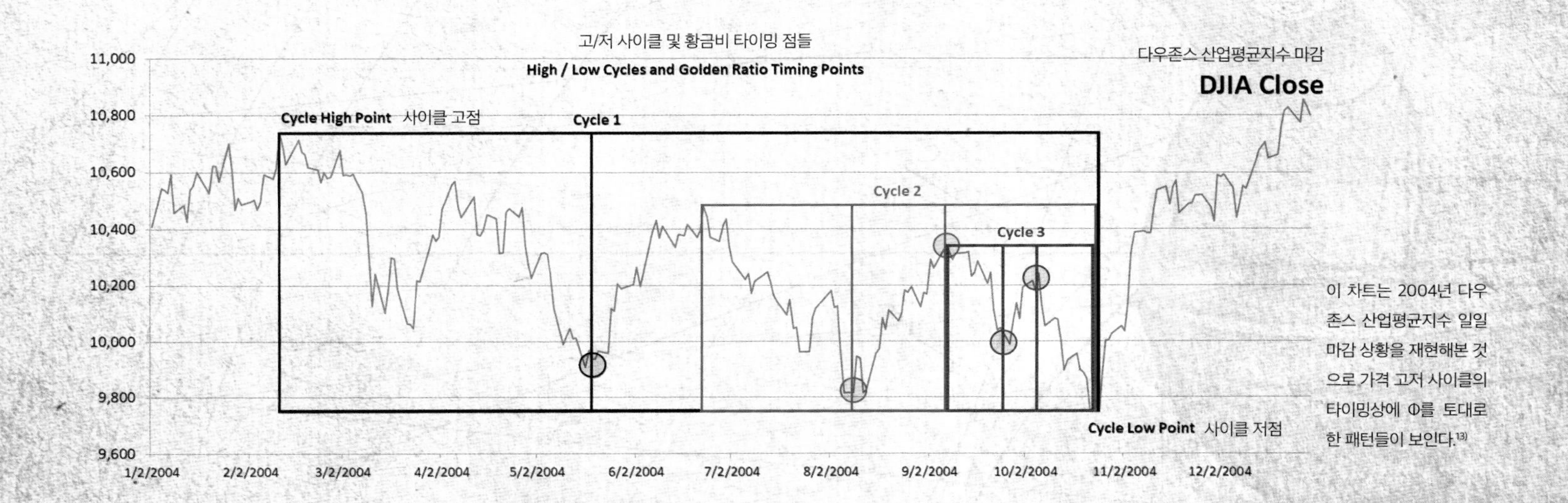

이 차트는 2004년 다우존스 산업평균지수 일일 마감 상황을 재현해본 것으로 가격 고저 사이클의 타이밍상에 Φ를 토대로 한 패턴들이 보인다.[13]

아래 보이는 차트는 내가 2008년 전체의 다우존스 산업평균지수 일일 마감 상황을 재현해본 것이다.[14] 빨간색 직사각형은 연중 최고 주가와 최저 주가의 상하한선을 나타내며, 2개의 황금비 분할 지점은 가격 저항선을 나타낸다. 보는 바와 같이 주가는 4월부터 7월까지 계속 떨어지다가 위쪽 황금비 저항점에서 멈춘 뒤 다시 오르고 있다. 그러다 9월에 일단 두 저항선을 돌파하고 나자 정확히 아래쪽 황금비 저항선에서 최고점을 찍은 뒤 다시 떨어지기 시작한다. 물론 이런 패턴들은 나중에 돌이켜볼 때 훨씬 더 쉽게 눈에 띄는 법이지만 분석가들은 종종 미래의 주가 흐름을 알아보려 할 때 이런 지표들을 이용하기도 한다.

여기서 유의할 점이 하나 있다. 예술 작품에서 황금비가 성공을 보장해주는 유일한 '묘책'이 아니듯 이 또한 금융시장에서 활용되는 여러 분석 수단들 중 하나에 지나지 않는다는 것이다. 세심한 투자자들은 수익을 극대화하고 위험 관리를 제대로 하기 위해 다양한 수단과 기법들을 사용한다. 또한 많은 투자 전문가들은 예상 가능한 주가 변곡점들을 보다 잘 이해하고 각종 분석 기법들을 잘 활용할 때 거래 성공률을 높이고 전반적인 실적도 개선할 수 있다고 믿는다.

수리심리학자 블라디미르 A. 레페브레가 실시한 연구에 따르면 우리가 금융시장에서 보는 패턴들은 단순한 우연이 아닐 수도 있다고 한다. 1992년에 출간한 자신의 저서 『양극성과 성찰성의 심리학 이론』[15]에서 레페브레는 인간은 자신의 견해에 대해 긍정적인 평가와 부정적인 평가를 내리는데 그 비율이 황금비와 비슷해 긍정적인 평가는 62퍼센트이고 부정적인 평가는 38퍼센트라고 했다. 주가 변동 또한 대개 인간의 견해와 평가, 기대 등을 반영하는 것이므로 결국 주가 변동과 황금비 간에는 어느 정도 관련성이 있다고 할 수 있을 것이다.

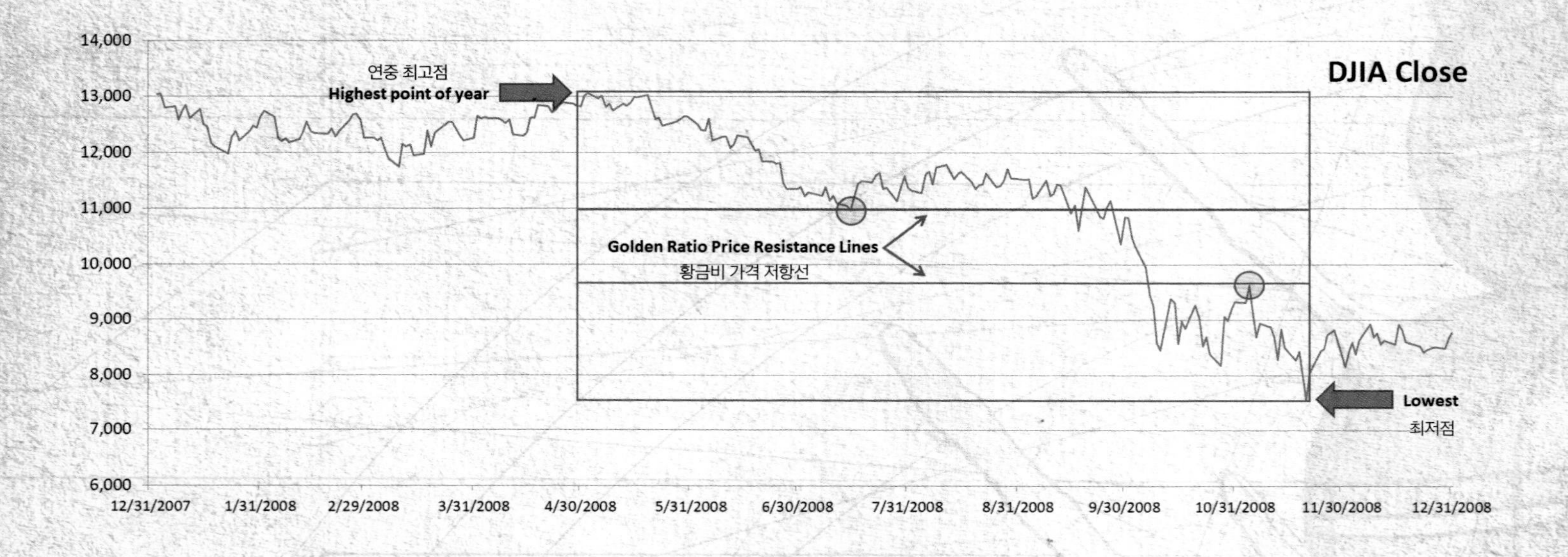

황금 의문

인류가 수천 년간 이룩해온 그 많은 발견들을 하나하나 되짚어보면 우리가 황금비 법칙이든 아니면 다른 법칙이든 어쨌든 수학적 법칙들에 의해 지배되는 우주 안에 살고 있다는 사실만은 분명해진다. 케플러의 행성 궤도의 법칙이든, 아인슈타인의 상대성 이론이든, 아니면 이 책을 읽을 수 있게 해주는 당신 눈의 광학 관련 수학 법칙이든 우리가 물리적 우주 안에서 경험하는 모든 것이 수학으로 측정되고 설명될 수 있다.

황금비의 경우 우리는 황금비가 그 뛰어난 아름다움으로 수많은 수학자와 예술가, 디자이너, 생물학자, 화학자 그리고 심지어 경제학자들의 상상력을 어떻게 사로잡았는지를 봐왔다. 또한 황금비는 인류 역사상 가장 위대한 예술 및 건축 작품들에 반영되어 있다. 세상 모든 게 황금비를 토대로 하고 있지는 않지만 황금비가 반영된 장소의 수는 정말 놀랄 만큼 많다. 기술이 발전하고 물리적 우주에 대한 지식이 늘어나면 늘어날수록 우리는 분명 점점 더 많은 황금비를 발견하게 될 것이다.

당신이 만일 이 문제를 좀 더 깊이 파고들게 된다면 아마 황금비가 삼라만상을 규정하는 보편적인 상수라고 말하는 사람들을 보게 될 것이다. 물론 내가 이 책에서 제시해온 모든 증거가 실은 전혀 터무니없는 거라고 말하는 사람들도 있을 것이다. 따라서 이 문제를 좀 더 파고드는 것이 결국 당신이 보고 배워온 것들을 세심히 살펴보고 나름대로 사려 깊은 결론을 내릴 수 있는 절호의 기회가 될 것이다.

당신은 '그런데 왜 계속 Φ가 논란이 되고 있나?' 하는 의문이 들 수도 있다. 고대 그리스 수학자의 저술 속에 등장하는 단순한 기하학 구조에서 발견되는 이 간단한 수가 왜 그리고 어떻게 그 많은 논란을 불러일으키고 있는 것일까? 어쩌면 그 답은 Φ가 나름의 독특한 방식으로 가장 근본적인 철학적 질문들이나 삶의 의미까지 건드리고 있다는 사실에서 찾을 수 있을지도 모른다. 우리가 세상 모든 것들에서 특히 전혀 예상치 못한 설명 불가한 것에서 공통된 수학적 패턴 같은 것들을 발견할 경우 그게 그저 단순한 우연을 뛰어넘는 일은 아닌지, 그러니까 어떤 뚜렷한 목적을 위한 보다 원대한 계획 같은 건 아닌지 하는 의문이 제기될 수 있는 것이다. 물론 똑같은 걸 목격하고도 자연스런 적응 및 최적화 과정에서 생겨나는 우연의 일치로 설명하려는 사람들도 있을 것이다. 사람은 다 특유의 신념 체계를 갖고 있어 그와 반대되는 증거가 아무리 많다 해도 자신이 보고 듣는 모든 걸 나름대로 해석하려 하는 법이니 말이다. 우리가 어디서 왔고 지금 왜 여기 있으며 앞으로 어디로 갈 것인가 하는 이런 근본적인 의문들은 우리 모두가 마음을 열고 깊이 생각해봐야 할 수수께끼들이다.

그러나 황금비에는 훨씬 더 보편적이고 공통된 반응을 불러일으키며, 또 아름다움에 대한 우리의 인식에 영향을 주는 또 다른 중요한 측면이 있다. 어떤 사람들의 경우 황금비의 아름다움은 수학과 기하학의 독특한 특성들과 관련이 깊고, 어떤 사람들의 경우에는 완벽한 프랙탈 패턴을 만들어내는 그 능력과 관련이 깊다. 또한 어떤 사람들의 경우 황금비는 의식적이든 아니든 자연과 인간 얼굴 및 형태의 아름다움 속에서 인식되며, 어떤 사람들의 경우 의도적이든 아니든 자신의 창의적인 예술 작품이나 디자인을 통해 표현된다.

어떤 차원에서 황금비의 아름다움이 인식되든 이때 보다 중요한 의문은 이런 것이어야 한다. 우리는 대체 어떻게 그리고 왜 아름다움을 인식하는가? 우리는 왜 아름다움을 보는 능력을 타고났으며, 또 왜 그걸 표현해야 할 필요가 있는가? 진화론적 관점에서 보자면 아름다움은 건강하다는 걸 보여주는 하나의 지표이다. 따라서 먹을 과일을 고르는 일이든 아니면 종족 보전을 위해 짝을 고르는 일이든 건강한 대상에 끌리는 것은 생존을 위한 보다 나은 결정이 된다. 충분히 논리적이지 않은가. 하지만 일몰과 별이 많은 밤, 영감을 주는 예술 작품, 내면 깊숙한 뭔가를 건드리는 노래에서 아름다움을 느끼는 건 대체 진화론적 관점에서 어떤 장점이 있을까? 우리가 만일 스스로 솔직해진다면 아마 인간의 경험에는 실존에 대한 과학적이고 자연주의적인 설명에서 찾을 수 있는 사실들을 뛰어넘는 또 다른 측면이 있다는 걸 인정하게 될 것이다. 내게도 그렇지만 역사상 많은 사람들에게 황금비는 어둠을 밝히는 한 줄기 빛으로서 우리로 하여금 우리 주변과 내면의 모든 것들을 사뭇 다른 관점에서 보고, 또 보다 깊이 이해할 수 있게 해준다.

이 책에서 나는 황금비를 찾을 수 있는 것들 가운데 일부에 대해, 또 황금비를 적용할 수 있는 일부 방법에 대해서만 언급했다. 그러나 사실 지금 놀랄 정도로 많은 것들에서 늘 보다 많은 황금비가 발견되고 있으며 또 적용되고 있다. 황금비가 실제 어디서 나타나고 있으며, 또 어디서 상상으로 그치는지 당신 스스로 알아낼 수 있는 최선의 방법은 마음을 열고 탐구하며, 배울 수 있는 모든 걸 배우고, 모든 지식을 당신 자신의 것으로 만드는 것이다.

새로운 발견을 위한 여정에 오르면서 당신보다 앞서 그 여정에 나섰던 사람들의 삶에 대해 그리고 그들이 기여한 바에 대해 생각해보라. 유클리드는 기하학의 원칙들을 개발함으로써 수천 년간 사람들에게 전수되고 영감을 주었다. 레오나르도 다빈치를 비롯한 르네상스 시대의 화가들은 수학과 예술을 접목시켜 지금까지도 우리에게 많은 영감을 주고 있다. 요하네스 케플러는 이전 세대의 사람들이 밝혀내지 못한 태양계의 근본적인 사실들을 밝혀냈다. 르코르뷔지에는 황금비에 내재된 조화미를 활용해 유엔 사무국 빌딩을 디자인했으며, 그 건물은 지금 공통적인 글로벌 도전 과제들을 해결하고 전 세계 많은 국가들

맞은편 아름답게 빛나는 샤르트르 대성당의 야경

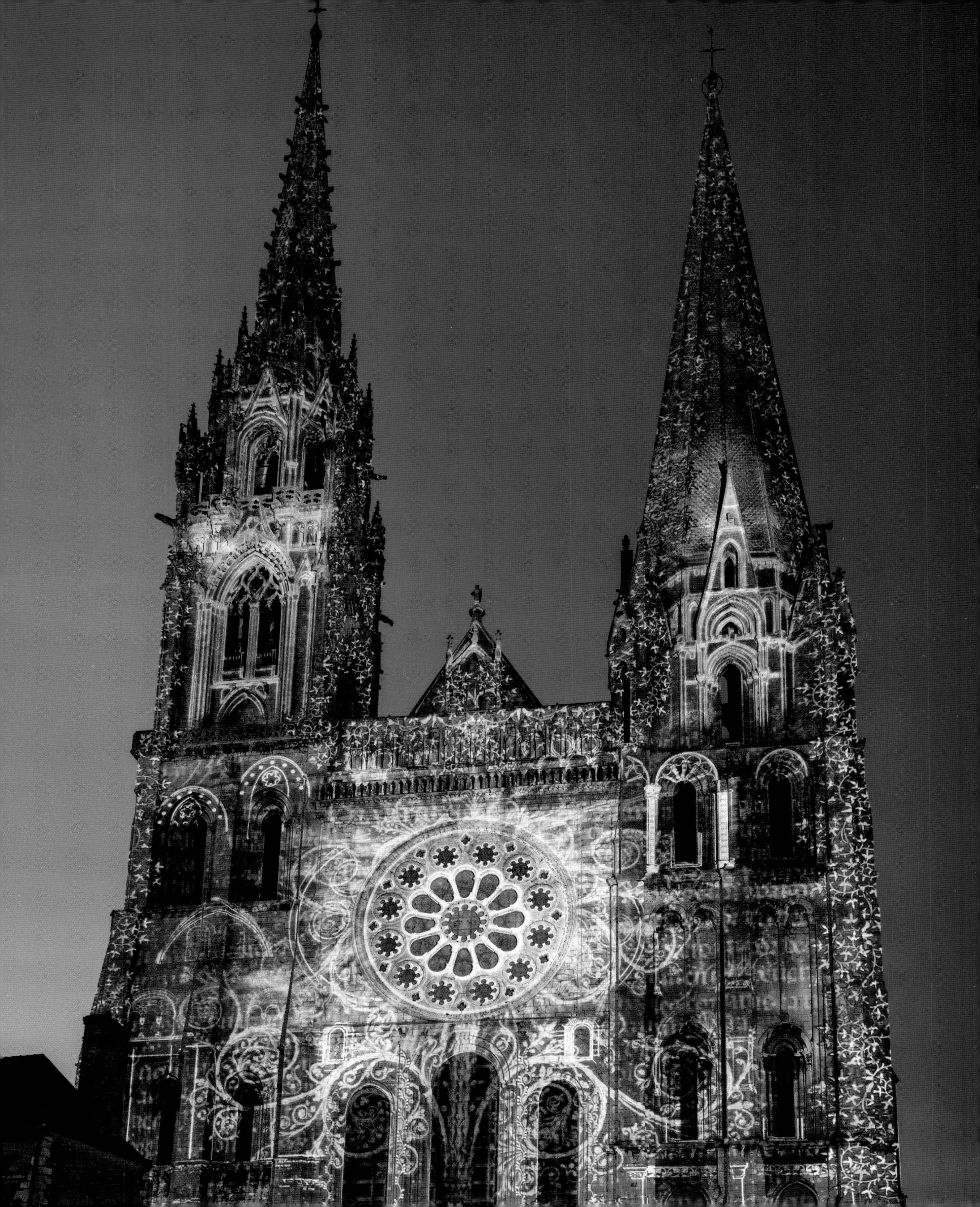

꽃잎이 5개인 해바라기의 장미 모양들을 클로즈업한 이 사진은 자연 속에서 5라는 수를 얼마나 쉽게 접할 수 있는지 보여준다.

의 화합을 앞장서 이끄는 주요 기관들의 근거지 역할을 하고 있다. 댄 셰흐트만은 이전에는 상상조차 할 수 없었던 물질의 새로운 상태를 발견했다. 그리고 지금 황금비는 로고 디자인에서 양자 역학에 이르는 모든 분야에서 계속 적용되고 있다.

루카 파치올리는 황금비를 '신성한 비율'이라 불렀는데, 이는 사실 아주 적절한 말이다. 우리 눈에 보이는 많은 것들 속에서 숨겨진 조화나 연관성을 찾게 하는 등 황금비를 삶의 아름다움과 의미를 보다 깊이 이해할 수 있게 해주는 신성한 비율로 보는 사람들이 많기 때문이다. 이 모든 건 하나의 숫자가 하는 일로는 믿기지 않을 만큼 대단한 것으로, 황금비 1.618이라는 이 숫자는 지금 인류 역사 안에서 그리고 어쩌면 삶 그 자체 안에서 믿을 수 없을 만큼 중요한 역할을 해오고 있는 것이다.

아래 보이는 프랙탈 패턴 속의 나선 모양은 Φ, 즉 황금비의 비율로 수평 확대되고 있다.

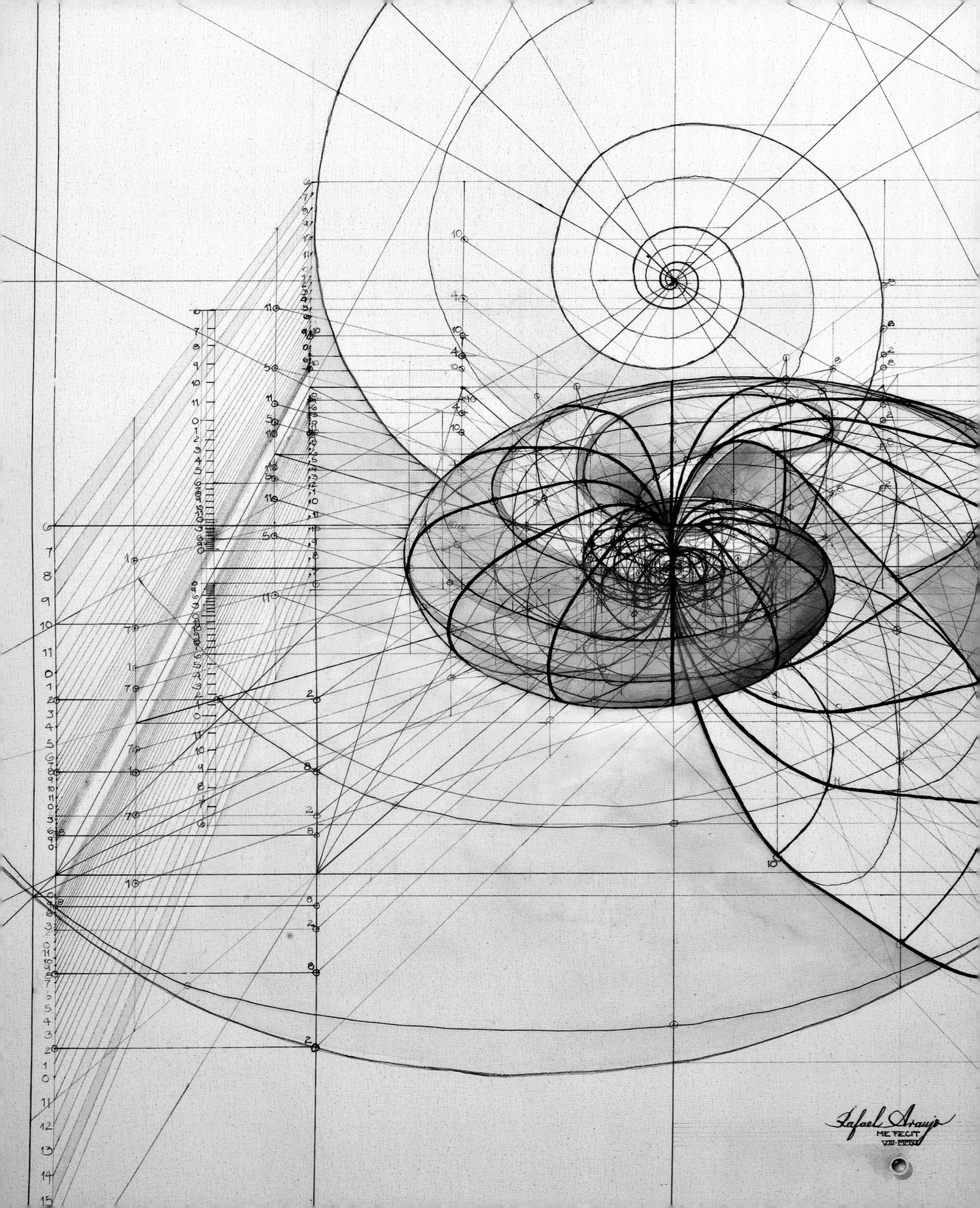
Rafael Araujo
ME FECIT

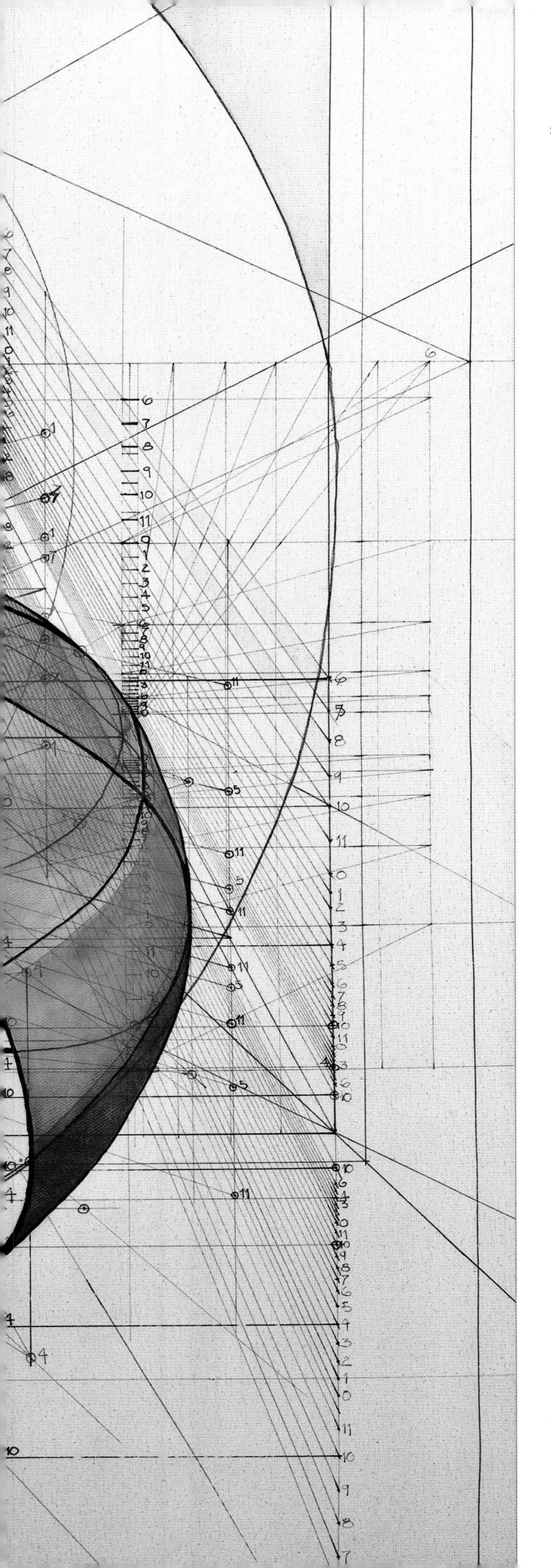

부록

"구하라 그러면 얻을 것이요,
찾으라 그러면 찾을 것이요,
문을 두드려라 그러면 열릴 것이다."

– 마태복음 7장 7절

부록 A

보다 깊은 논의

이제껏 살펴본 것처럼 황금비는 수천 년간 이어져온 주제로 아주 다양한 학문 분야에 영향을 주고 있다. 이런 이유 때문에 황금비에 대해 알려진 모든 것의 극히 일부라도 제대로 이해하는 건 쉬운 일이 아니며, 그 결과 계속 잘못된 정보와 오해를 낳고 있다. 나는 그런 황금비를 20년간 연구해오고 있으며, 또한 이 책을 쓰는 과정에서 예상보다 훨씬 더 많은 걸 배웠다.

황금비는 아주 비상하면서도 예상치 못한 능력을 갖고 있어 늘 논란을 불러일으킨다. 황금비에 대한 정보는 놀랄 만큼 다양하고 많으며, 대부분의 사람들은 한정된 정보를 토대로 나름대로의 견해를 구축하고 결론을 내린다. 그러나 황금비를 둘러싼 논란은 주로 '이 세상에서 우리가 보는 황금비의 증거들은 효율성을 극대화하려는 자연계의 현상으로 봐야 하는가 아니면 보다 원대한 어떤 계획, 그러니까 조물주의 계획 같은 걸로 봐야 하는가?' 하는 의문과 관련이 있다. 이는 우리 모두에게 아주 개인적이면서 중요한 의문으로 우리의 개인 신념 체계는 우리가 황금비의 증거를 적당히 걸러내고 해석하는 방식에 지대한 영향을 주며, 따라서 아주 지적이고 교육을 많이 받은 사람들도 전혀 다른 결론들에 도달하게 된다. 이 책에서 나는 황금비를 둘러싼 양극단의 주장들 사이에서 최대한 균형을 잡으려 애썼으며, 그래서 황금비를 이해하는 데 도움이 된다고 생각하는 단순한 기하학적 사실과 수학적 사실을 전달하고 예술 및 자연 속의 분명한 증거들을 제시하려 했다.

이 의문에 대해 가장 정확하고 의미 있는 답을 얻기 위한 최선의 방법은 황금비에 대해 보다 깊이 연구함으로써 나를 비롯한 다른 사람들의 견해를 맹목적으로 받아들이는 게 아니라 자기 자신의 결론을 내리는 것이다. 어떤 사람들은 황금비는 분명 나타난다면서(실은 나타나지 않는 상황에서도) 그건 곧 신이 존재한다는 완벽한 증거라는 결론으로 비약한다. 반대로 또 어떤 사람들은 나타나지 않는다면서(실은 나타나는 상황에서도) 황금비의 존재를 뒷받침하는 모든 증거를 부인한다. 이 첫 번째 부록에서 나는 자연 상태나 예술 분야에서 황금비가 나타난다는 건 순전한 착각 내지 잘못된 믿음이라고 주장하는 사람들이 흔히 내세우는 반대 주장들을 소개하고자 한다. 독자들 입장에서 스스로 판단을 내리는 데 도움이 될 것이다.

"의식적으로 특정 패턴들을 찾으려다 보니 황금비를 찾는 것이다."

때론 저명한 수학자들조차 황금비는 피보나치 수열에 기초한 식물의 나선 패턴과 잎차례를 제외한 수학 및 기하학 분야 밖에서는 존재하지 않는다고 주장한다. 그들은 우리가 황금비를 봤다고 생각하지만 실은 주변 패턴들 속에서 어떤 의미를 찾으려는 인간의 욕구가 표출된 것에 지나지 않는다고 말한다. 그런 현상을 전문 용어로 '아포페니아'라고 하는데 메리엄 웹스터 사전에선 이를 '서로 아무 관련이 없거나 무작위로 일어나는 현상들 간에 어떤 연관성이나 의미 있는 패턴을 찾으려는 경향'이라 정의하고 있다.[1] 뭔가 패턴을 찾으려는 우리의 경향을 염두에 두어야 한다는 건 합당한 생각이지만 그 생각의 이면에는 분명히 존재하는 패턴이나 의미까지 무시할 수 있다는 위험이 도사리고 있다. 인간은 분명 패턴을 추구하는 존재이며, 그래서 우리는 과학적인 방법을 동원해 이런저런 패턴을 찾으려 하며 그를 통해 우주의 본질을 밝히려 한다. 따라서 중요한 건 우리가 패턴들을 찾으려 노력하는가 노력하지 않는가가 아니라(물론 노력하지만) 찾아낸 패턴들을 제대로 평가할 적절한 방법과 기준들이 우리에게 있는가 없는가이다. 그에 덧붙여 우리는 어떤 패턴들과 거기에 존재하는 의미를 무조건 무시하려는 욕구와 어떤 패턴들을 찾아 존재하지도 않는 의미를 부여하는 데 지나치게 매달리려는 욕구 사이에서 균형을 잘 잡아야 한다.

"황금비는 무리수이기 때문에 그 무엇도 황금비가 될 수 없다."

어떤 사람들은 황금비는 무리한 수, 즉 소수점 뒷자리 수들이 무한정 이어지는 무리수이기 때문에 황금비를 적용한다는 것 자체가 불가능한 일이라고 주장한다. 그래서 잘 알려진 한 황금비 회의론자는 "현실 세계에서는 그 무엇도 황금비를 이룰 수 없다"고 주장한다. 그러나 알고 보면 이 주장 자체도 마찬가지로 무리한 주장이거나 아니면 적어도 지나치게 이론적이거나 학자연하는 주장이다. 숫자상으로는 그 무엇도 황금비로 맞아떨어지지 않지만 선을 그어볼 경우 황금비가 맞아떨어지게 하는 건 아주 쉽다. 따라서 누구나 디자인에 황금비를 적용할 수 있다. 그 다음엔 얼마나 정확한 비율을 원하는지가 문제가 되며, 그것이 황금비 분할선을 얼마나 빨리 정할 수 있는지를 결정짓는다. "황금비는 무리수이기 때문에 그 무엇도 황금비가 될 수 없다"는 이 주장은 아주 중요한 또 다른 사실을 완전히 간과한 것이다. 그러니까 우리가 측정하거나 만드는 그 어떤 치수도 어떤 수를 정확히 나타낼 수는 없으며(그 수가 무리수든 아니든) 그것이 우리가 살고 있는 이 우주의 본질이라는 사실을 말이다. 우리는 1인치짜리 원을 그리려 할 수는 있지만 1이 정수라 해도 원은 절대 그 직경이 정확히 1.0000000000000000000인치가 되지 못한다. 수의 개념을 적용하는 건 현실 세계에서 의미를 갖는 일이며, 어떤 경우에도 소수점 4~5자리 이상까지 정확할 필요는 없다. 개념 그 자체 내에서는 어떤 수든 모든 실용적인 목적에 필요한 정확도로 적용될 수 있다.

"황금비가 사후에 적용됐는지 여부는 알 길이 없다."

황금비의 실제 출현 및 적용 여부에 대한 적절한 확인마저 무시하려 할 때 흔히 이런 주장을 편다. 단 한 차례의 황금비 비슷한 사례를 가지고 황금비의 출현 내지 적용을 결론짓는 경우라면 이 주장은 나름 일리가 있을 수 있다. 그러나 아주 높은 수준의 정확도를 가진 황금비의 사례가 많은 경우 이 주장은 곧 힘을 잃게 된다. 예를 들어 어쩌다 한 인간의 얼굴에서 황금비가 발견된다면 어떤 결론을 내릴 근거로는 아주 약하다. 그러나 매력적인 사람들 수백 명의 얼굴에서 공통적으로 십여 군데에 특정 황금비들이 발견된다면 뭔가 아주 의미 있는 걸 발견한 것일 가능성이 높다. 사후에 면밀한 분석과 조사를 통해 진실을 규명하는 것이야말로 과학의 본질이며, 대개의 경우 그건 진실의 법정에서 내려지는 많은 판정의 근거가 된다. 앞서 예술 작품에서의 황금비 분석과 관련해 언급했듯 황금비에 대한 결론이 유효하려면 다음 특징들을 갖고 있어야 한다.

- **적절성** 합리적인 사고를 가진 사람이라면 누구든 어떤 디자인과 구도에 황금비가 적용됐다는 걸 분명히 알 수 있음.
- **공통성/반복성** 의도적으로 황금비가 적용됐다는 게 많은 사례에서 나타남.
- **정확성** 정확한 황금비와 오차 범위가 1퍼센트 내외이고 해상도가 높은 이미지여야 함.
- **단순성** 황금비가 더없이 간단한 수치들로 이루어져 있어 그런 수치들이 예술가나 디자이너에 의해 실제 적용됐을 가능성이 높아야 함.

"황금비라는 게 무한대로 많은 다른 수들 중 하나일 수도 있다."

어떤 회의론자들은 관찰 결과가 황금비라고 해도 실은 황금비에 가까운 다른 수많은 수들 중 하나일 수 있어 황금비가 아닐 수 있다고 주장한다. 이런 주장 때문에 황금비를 찾으려는 우리의 노력이 마치 거대한 건초더미 속에서 바늘을 찾는 무모한 행동처럼 보이게 된다. 그리고 황금비와 완벽하게 맞아떨어지는, 그러니까 소수점 이하가 무한대로 이어지는 뭔가를 찾을 가능성은 무한대로 작아진다. 그러나 현실 세계에서는 경우가 달라서 우리는 보통 어느 정도 유의미하고 인식 가능하며 유한한 물리적 수치들을 사용한다. 우리는 물리적·공학적 능력의 한계로 인해 뭔가를 소수점 이하 4~5자리 넘게 맞아떨어질 만큼 정확하게 만들기 힘들며, 사실 또 그보다 더 정확해야 할 필요도 별로 없다. 우리가 만일 대피라미드의 수치들을 측정해 높이가 147미터나 되는 그 건축물에서 단 몇 센티미터 오차 이내의 황금비를 발견한다면 설계 과정에서 대피라미드에 황금비가 적용됐다고 결론지을 만한 충분한 근거가 될 수 있는 것이다. 황금비 여부를 결론짓기 위해선 소수점 이하 무한대가 아니라 4~5자리까지만 일치하면 되는 것이다.

소수점 이하 4자리 수들 가운데 Φ와 1퍼센트 이내의 오차를 가진 수는 '무한대로' 많은 게 아니라 단 33개밖에 안 된다. 이는 1.602부터 1.634까지에서 0.001의 오차로, 얼마든지 받아들일 수 있는 오차이다. 게다가 Φ 근처에는 무한대로 많은 수들이 있을 수 있지만 황금비에 근접한 간단한 정수 비율과 기하학적 구조는 극소수에 불과하다.

1부터 50까지의 정수를 가지고 만들 수 있는 모든 비율을 따져본다면 1보다 크거나 같은 비율은 1,275개이다. 그리고 그중 단 10개만이 Φ와 1퍼센트 이내의 오차를 가진 독특한 비율을 갖는다. 다음에서 피보나치 수열의 수들은 **볼드체**로 표시되어 있으며, 수열 초기의 비율들 중 가장 정확한 비율이다.

비율	소수	Φ와의 오차
13/8	1.625	0.43%
21/13	1.615	-0.16%
29/18	1.611	-0.43%
31/19	1.632	0.84%
34/21	1.619	0.06%
37/23	1.609	-0.58%
44/27	1.630	0.72%
45/28	1.607	-0.67%
47/29	1.621	0.16%
49/30	1.633	0.95%

우리가 만일 삼각형의 세 변 중 두 변이 1부터 50까지의 정수로 이루어진 직각삼각형을 전부 다 만든다면 총 2,550개의 독특한 결합이 나온다. 그리고 그 직각삼각형들 가운데 Φ와 1퍼센트 이내의 오차를 가진 직각삼각형은 다음과 같이 5개밖에 안 된다.

A변(1)	B변($\sqrt{\Phi}$)	빗변 C(Φ)	오차
8.660	11	14	-0.09%
11	**14**	**17.804**	**0.02%**
26	33	42.012	-0.08%
28.983	37	47	0.22%
37	47	59.816	-0.05%

만일 고대 이집트인들이 대피라미드의 비율을 정하기 위해 '세케드'라는 측량기법을 사용해 경사도를 5.5/7(11/14과 같음)로 잡았다면, 이는 곧 그들이 피라미드를 설계하면서 정확한 황금비와 가장 오차가 적은 일련의 상수들을 선택했다는 의미이다. 그 오차는 겨우 0.02퍼센트밖에 안 된다. 그들은 왜 수학과 기하학에서는 더없이 독특하고, 자연과 아름다움에서는 더없이 흔한 비율인 황금비를 선택한 것일까?

따라서 황금비는 '무한대로 많은' 수들보다 각종 예술 작품과 건축 작품에 등장할 가능성이 훨씬 더 높다. 그래서 실제 예술가나 건축가들이 작품을 만들면서 Φ 비슷하지만 Φ는 아닌 뭔가를 만들면서 선택할 수 있는 수나 비율 역시 아주 적다. 바로 앞서 살펴본 리스트를 다시 한번 자세히 들여다보고, 리스트 안에 나타난 수들 가운데 그 자체로 아주 중요한 의미를 갖고 있어 선택할 경우 파이보다 더 가치 있을 만한 수가 있나 보라.

"황금비라는 게 무한대로 많은 다른 수들 중 하나일 수도 있다"는 이 주장의 또 다른 문제는 Φ가 단순히 무한대로 많은 세트의 수들 가운데 하나이거나 앞에서 살펴본 Φ에 가까운 20세트의 수들 가운데 하나가 아니라는 것이다. Φ는 기하학과 수학에서 또 삶과 자연 속에서 가장 독특한 수들 중 하나이며, 다른 그 어떤 수도 갖고 있지 않은 특성들을 갖고 있다. Φ는 그 특성들을 통해 다른 어떤 수보다 더 나은 디자인 효율성을 창출하고 시각적인 조화와 아름다움을 만들어낸다. 또한 자연과의 관계와 미학적인 가치 덕에 고대 이후 계속 인류에 의해 높은 평가를 받고 있다. 이런 관점에서 볼 때 Φ와 1퍼센트 이내의 오차를 가진 어떤 작품을 볼 경우 그 작품을 만든 예술가나 건축가는 다른 그 어떤 유사한 비율보다 Φ를 사용했을 가능성이 아주 높다. 그래서 만일 어떤 예술가나 건축가가 Φ 외의 다른 비율을 선택했다면 왜 완전히 다른 비율(예를 들어 2의 제곱근인 1.414, 1.5, 3의 제곱근인 1.732)이 아니라 Φ와 그토록 비슷한 비율을 선택했을까 하는 의문을 제기해봐야 한다.

고대 이집트인과 그리스인들, 레오나르도 다빈치, 조르주 쇠라, 자연, 신 등으로부터 자신들의 작품에 Φ, 즉 황금비를 사용했다는 걸 보증하는 무슨 확인서 같은 걸 받은 것도 아니므로 우리는 주어진 증거들을 토대로 최대한 합리적인 추론을 해보는 수밖에 없다. 물리적인 우주는 수학을 그 토대로 삼고 있다. 그리고 Φ는 수학과 기하학 전반에 걸쳐 광범위하게 나타난다. 그렇다면 수학이나 기하학에 나오는 비율들 가운데 황금비와 아주 가까운 그 많은 비율들이 별 의미도 없이 우주 안에서 그리 간단하면서도 기본적인 패턴

오르토곤

이 황금비 구조는 컴퍼스와 자만 가지고 만드는 사각형에서 생겨나는 기하학적 직사각형 구조를 가진 12개의 오르토곤(또는 동적 사각형) 중 가장 널리 알려진 것이다. 오르토곤들 가운데 유일한 황금 사각형(비율: 1/2 + √5/2)은 아우론으로 알려져 있는데, 이는 '황금'을 뜻하는 라틴어 aur에서 온 말이다.

오르토곤, 즉 직사각형들은 수세기 동안 화가나 장인들에게 복잡한 계산이나 측정 장치 없이도 일관성 있고 조화로운 형상들을 만들어낼 수 있는 디자인 시스템을 제공해왔다. 높이 대 너비 비율을 가진 직사각형의 예로는 디아곤(√2), 쿼드리아곤(1/2 + √2/2), 헤미디아곤(√5/2)을 꼽을 수 있다. 이런 오르토곤들을 디자인 원칙들에 적용하는 것과 관련된 정보를 찾고 싶다면 전문 아티스트 발리에 젠슨이 운영하는 웹사이트 www.timelessbydesign.org를 찾아가 보라.

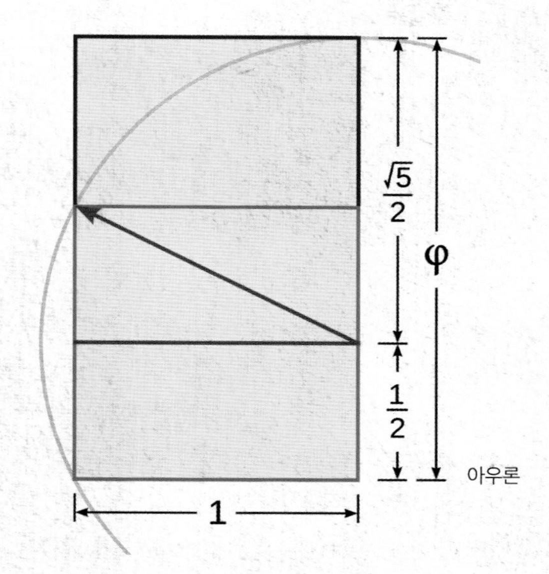

아우론

비트루비우스 저서의 독일어 번역서 『비트루비우스 도이치』 초판(1575년)의 복사본으로, 꼭대기 중앙에 디아곤이 보인다.

노트 및 참고 자료

이 책에 담긴 정보는 독자적인 조사를 비롯해 필자의 웹사이트(www.goldennumber.net과 www.phimatrix.com)를 찾는 방문객들의 투고, 독자적인 인터뷰, 온라인 자료들, 기타 책들의 내용을 정리한 것이다. 위키피디아는 다양한 수학 관련 주제들에 대해 보다 깊이 조사하려 할 때 더없이 좋은 출발점이 되어주었으며, 스코틀랜드 세인트앤드루스대학교 맥투터 수학 역사 기록보관소(http://www-groups.dcs.st-and.ac.uk/~history/index.html)와 볼프람 매스월드(http://mathworld.wolfram.com/)를 비롯해 수학과 수학 역사에 대한 자료가 풍부한 다른 출처들도 많은 도움이 되었다.

관련 문헌

Herz-Fischler, Roger. *A Mathematical History of the Golden Number*. New York: Dover Publications, 1998.

Huntley, H. E., *The Divine Proportion: A Study in Mathematical Beauty*. New York: Dover Publications, 1970.

Lawlor, Robert. *Sacred Geometry: Philosophy and Practice*. London: Thames and Hudson, 1982.

Livio, Mario. *The Golden Ratio: The Story of Phi. The World's Most Astonishing Number*. New York: Broadway Books, 2002.

Olsen, Scott A. *The Golden Section: Nature's Greatest Secret*. Glastonbury: Wooden Books, 2009.

Skinner, Stephen. *Sacred Geometry: Deciphering the Code*. New York: Sterling, 2006.

서문

1 "Internet users per 100 inhabitants 1997 to 2007," *ICT Indicators Database, International Telecommunication Union (ITU)*, http://www.itu.int/ITU-D/ict/statistics/ict/.

2 "ICT Facts and Figures 2017," Telecommunication Development Bureau, *International Telecommunication Union (ITU)*, https://www.itu.int/en/ITU-D/Statistics/Pages/facts/default.aspx.

3 "History of Wikipedia," *Wikipedia*, https://en.wikipedia.org/wiki/History_of_Wikipedia.

4 Roger Nerz-Fischler, *A Mathematical History of the Golden Number* (New York: Dover, 1987), 167.

5 Mario Livio, *The Golden Ratio: The Story of Phi. The World's Most Astonishing Number* (New York: Broadway Books, 2002), 7.

6 David E. Joyce, "Euclid's Elements: Book VI: Definition 3," Department of Mathematics and Computer Science, Clark University, https://mathcs.clarku.edu/~djoyce/elements/bookVI/defVI3.html.

I 황금 기하학

1 As quoted by Karl Fink, Geschichte der Elementar-Mathematik (1890), translated as "A Brief History of Mathematics" (Chicago: Open Court Publishing Company, 1900) by Wooster Woodruff Beman and David Eugene Smith. Also see Carl Benjamin Boyer, *A History of Mathematics* (New York: Wiley, 1968).

2 "Timaeus by Plato," translated by Benjamin Jowett, The Internet Classics Archive, http://classics.mit.edu/Plato/timaeus.html.

3 여기에 나오는 글과 그림들은 다음 번역서의 내용을 토대로 재편집한 것이다. David E. Joyce, "Euclid's Elements," Department of Mathematics and Computer Science, Clark University, https://mathcs.clarku.edu/~djoyce/elements/elements.html.

4 Roger Nerz-Fischler, *A Mathematical History of the Golden Number* (New York: Dover, 1987), 159.

5 Eric W. Weisstein, "Icosahedral Group," MathWorld—A Wolfram Web Resource, http://mathworld.wolfram.com/IcosahedralGroup.html.

II 파이와 피보나치

1 As quoted at "Quotations: Galilei, Galileo (1564-1642)," Convergence, Mathematical Association of America, https://www.maa.org/press/periodicals/convergence/quotations/galilei-galileo-1564-1642-1.

2 Jacques Sesiano, "Islamic mathematics," in Selin, Helaine; D'Ambrosio, Ubiratan, eds., *Mathematics Across Cultures: The History of Non-Western Mathematics* (Dordrecht: Springer Netherlands, 2001), 148.

3 J.J. O'Connor and E.F. Robertson, "The Golden Ratio," School of Mathematics and Statistics, University of St Andrews, Scotland, http://www-groups.dcs.st-and.ac.uk/history/HistTopics/Golden_ratio.html.

4 프랑스 태생의 수학자 앨버트 지라드(1595–1632년)는 피보나치 수열($f_{n+2} = f_{n+1} + f_n$)을 설명하고 이를 황금비와 연결짓기 위해 처음으로 대수식을 만들었다고 한다. 다음을 참고하라. Robert Simson, "An Explication of an Obscure Passage in Albert Girard's Commentary upon Simon Stevin's Works (*Vide Les Oeuvres Mathem. de Simon Stevin, a Leyde*, 1634, p. 169, 170)," *Philosophical Transactions of the Royal Society of London* 48 (1753-1754), 368-377.

5 James Joseph Tattersall, *Elementary Number Theory in Nine Chapters* (2nd ed.), (Cambridge: Cambridge University Press, 2005), 28.

6 Mario Livio, *The Golden Ratio: The Story of Phi. The World's Most Astonishing Number* (New York: Broadway Books, 2002), 7.

7 피보나치 수열과 관련된 다른 많은 흥미로운 패턴들을 보고 싶으면 다음을 참고하라. Dr. Ron Knott, "The Mathematical Magic of the Fibonacci Numbers," Department of Mathematics, University of Surrey, http://www.maths.surrey.ac.uk/hosted-sites/R.Knott/Fibonacci/fibmaths.html#section13.1.

8 Jain 108, "Divine Phi Proportion," Jain 108 Mathemagics, https://jain108.com/2017/06/25/divine-phi-proportion/.

9 이 패턴은 루시엔 칸에 의해 처음 설명된 것이며, 그 아래의 그래픽은 그의 실제 디자인을 재현한 것이다.

10 J.J. O'Connor and E.F. Robertson, "The Golden Ratio."

III 신성한 비율

1 이 말은 수학이 더없이 중요하다는 루카 파치올리의 철학이 반영된 말이 아닌가 싶다.

2 As quoted in Mario Livio, *The Golden Ratio: The Story of Phi. The World's Most Astonishing Number* (New York: Broadway Books, 2002), 131.

3 Richard Owen, "Piero della Francesca masterpiece 'holds clue to 15th-century murder'," *The Times*, January 23, 2008.

4 "The Ten Books on Architecture, 3.1," translated by Joseph Gwilt, Lexundria, https://lexundria.com/vitr/3.1/gw.

5 Jackie Northam, "Mystery Solved: Saudi Prince is Buyer of $450M DaVinci Painting," *The Two-Way*, December 7, 2017, https://www.npr.org/sections/thetwo-way/2017/12/07/569142929/mystery-solved-saudi-prince-is-buyer-of-450m-davinci-painting.

6 J.J. O'Connor and E.F. Robertson, "Quotations by Leonardo da Vinci," School of Mathematics and Statistics, University of St Andrews, Scotland, http://www-history.mcs.st-andrews.ac.uk/Quotations/Leonardo.html. Quoted in Des MacHale, Wisdom (London: Prion, 2002).

7 "Nascita di Venere," Le Gallerie degli Uffizi, https://www.uffizi.it/opere/nascita-di-venere.

IV 황금 건축과 디자인

1 "Georges-Pierre Seurat: Grandcamp, Evening," MoMA.org, https://www.moma.org/collection/works/79409.

2 deIde, "allRGB," https://allrgb.com/

3 Mark Lehner, *The Complete Pyramids* (London: Thames & Hudson, 2001), 108.

4 H. C. Agnew, *A Letter from Alexandria on the Evidence of the Practical Application of the Quadrature of the Circle in the Configuration of the Great Pyramids of Gizeh* (London: R. and J.E. Taylor, 1838).

5 John Taylor, *The Great Pyramid: Why Was It Built? And Who Built It?* (Cambridge: Cambridge University Press, 1859).

6 이집트 제5왕조(기원전 2392-2283년경) 시대 때 만들어진 팔레르모석에는 첫 번째 왕조 기간(기원전 3150-2890년경) 중 나일 강 범람 수위를 설명하면서 고대 이집트의 길이 단위인 큐빗을 처음 사용하고 있다.

7 D. I. Lightbody, "Biography of a Great Pyramid Casing Stone," *Journal of Ancient Egyptian Architecture* 1, 2016, 39–56.

8 Glen R. Dash, "Location, Location, Location: Where, Precisely, are the Three Pyramids of Giza?" Dash Foundation Blog, February 13, 2014, http://glendash.com/blog/2014/02/13/location-location-location-where-precisely-are-the-three-pyramids-of-giza/.

9 Leland M. Roth, *Understanding Architecture: Its Elements, History, and Meaning* (3rd ed.) (New York: Routledge, 2018).

10 Chris Tedder, "Giza Site Layout," last modified 2002, https://web.archive.org/web/20090120115741/http:/www.kolumbus.fi/lea.tedder/OKAD/Gizaplan.htm.

11 1858년에 발견된 이집트의 비석, 일명 '인벤토리 스텔라'에는 헤누트센이 '왕의 딸'이라고 되어 있지만 대부분의 이집트학 전문가들은 사실이 아니라고 믿고 있다.

12 Theodore Andrea Cook, *The Curves of Life* (New York: Dover Publications, 1979).

13 "Statue of Zeus at Olympia, Greece," 7 Wonders, http://www.7wonders.org/europe/greece/olympia/zeus-at-olympia/

14 Guido Zucconi, *Florence: An Architectural Guide* (San Giovanni Lupatoto, Italy: Arsenale Editrice, 2001).

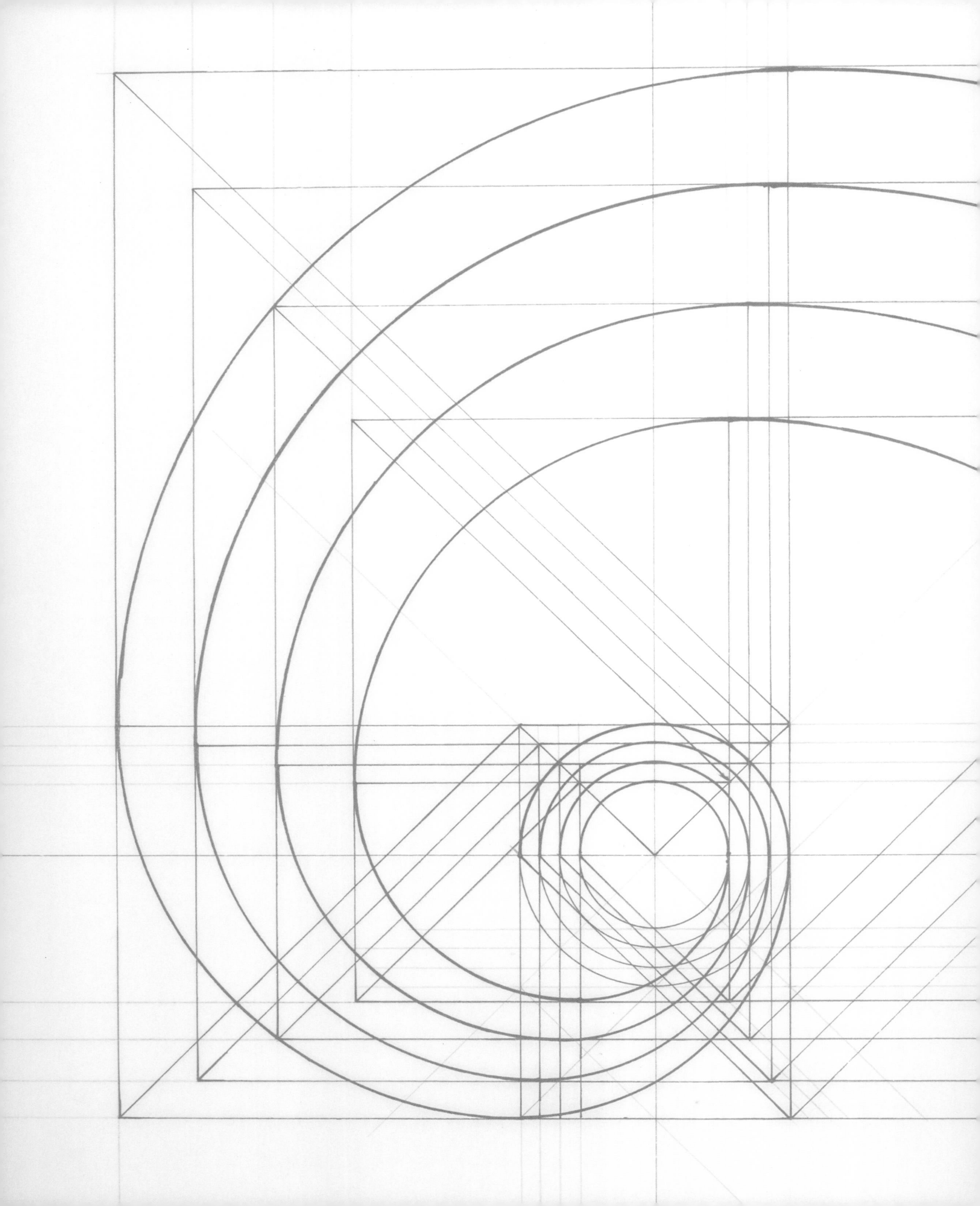